sock doll

sock doll

Preface

🧦 在此之前，我出版了一本《LOOK！襪子娃娃72變》，而此書是唯一應用紙型工法作為襪子娃娃的教學——就是每隻襪娃娃都有一份原寸紙型，且全書只用一種「船型襪」作為原創的開始。

本書我依然使用紙型工法來作為襪子娃娃的教學，並以「短襪」作為大部分作品主要的素材，再結合少數的其他襪型作為點綴。

🧦 為何要如此自我設限的創作呢？

Point1 雖然各廠家都有大同小異的襪子尺寸，但即使是同一家、同一款式，在不同時期出產的襪子也會有大小尺寸＆材質伸縮的不同。因此主要是為了方便讀者在購買襪子時有一個準確襪型作為採購的目標。

Point2 市場上替換襪子的花樣非常地快，但基本襪型卻是不變的。所以即使找不到與書上作品一樣的襪子，也可以以襪型作為選購標的。

Point3 因材質的不同，其伸縮度也會不同，且充棉的多寡也會影響襪子娃娃完成後的尺寸及肥瘦度等。但只要基本襪型是固定的，一樣可以使用本書的紙型作為製作的引導方向。

Point4 在一雙襪子中，透過紙型的引導，以簡易的裁切，將裁切最小化＆可用空間最大化下，讓學習襪娃娃更加容易。如：本書的造型中有一半以上是一體成型及類一體成型（就是剪裁少、縫製少、製作步驟少），極簡的造型不僅適合初學者，也是推廣教學者最適合的理論範本。

🧦 襪型設定好後，任何人皆可以應用紙型工法來裁切襪子，雖仍然不免有以上等等的差異，但只要應用近似值的方法裁下所需的部位，以這種方法來練習製作襪子娃娃，就能達到較佳的一致性與易學性，製作數個同款的襪娃娃也不會有太大的差別。意即在可依存的基準上來練習學作襪子娃娃，就會較接近作品的造型，也就是說較易成功。

這是一本很特別的書，除了用創新的紙型工法教學，並有規則的指引讀者學習並完成作品，與第一本《LOOK！襪子娃娃72變》，都是對手作襪娃娃有興趣者值得收藏的書。

陳春金、KIM、異想熊，都是我啦！我也喜歡變變變，你呢？

陳春金・KIM

sock doll

Content

Kim's sock dolls

part 1
走入襪子娃娃的
可愛世界

sock doll
1 貓頭鷹　Level／★★
How to make／P.54

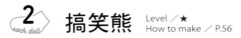

2 sock doll

搞笑熊　Level ／ ★
How to make ／ P.56

3 sock doll 洋裝兔 Level ／★
How to make ／ P.57

11

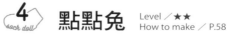 **點點兔** Level ／★★
How to make ／ P.58

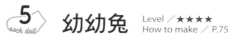 幼幼兔　Level ／★★★★
How to make ／ P.75

6 sock doll 趴趴鴨　Level ／★★
How to make ／P.59

7 sock doll 情侶龜　Level／★★
How to make／P.60

8 *sock doll* 肥肥熊　Level／★★
How to make／P.61

 9 可愛動物　Level ／ ★★
How to make ／ P.62

 10 長腿貓 Level ／★★
How to make ／ P.64

11 sock doll 坐坐蛙

Level ／★★
How to make ／ P.65

12 sock doll 條紋松鼠　Level ／★★★
How to make ／ P.66

13 長腿蛙　Level ／★★★
How to make ／ P.69

14 *sock doll* 轉轉龜 Level ／★★★
How to make ／ P.70

15 條紋狗 Level ／★★★
sock doll How to make ／ P.72

16 趴趴貓　Level ／★★★
How to make ／ P.74

 17 長腿猴 Level ／ ★★★★
How to make ／ P.78

 大頭仔動物　Level ／ ★★★★
How to make ／ P.80

part 2
手縫襪子娃娃的
準備工作

材料＆工具

襪子

船型襪、短襪、半統襪、兒童用短襪、五指襪。

台灣高級不織布

可搜尋露天賣家 kimkim888 購買。布市與文具店有售，但為一般軟硬的不織布。

線

各色一般車縫線或手縫線、粗棉線（縫鼻或吊線用）、繡線（縫鼻可用）。
※ 圖示中由上而下為：繡線、手縫線、車縫線。

釦子

可於布市釦子店購買。

珠針

固定用。

手縫針

縫口用。

材料＆工具

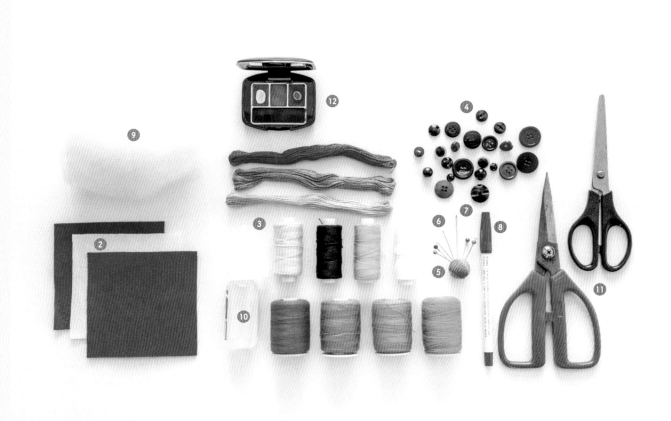

7	8	9	10	11	12
粗長針	**水消筆**	**棉花**	**膠**	**剪刀**	**腮紅**
整型或縫眼用。	依紙型形狀畫於布上，遇水會消失及時間久後會自然不見。拼布店、文具店、手工材料店皆可購買。	布市或文具店皆可購買。	保利龍膠。	分別準備剪紙用剪刀、剪襪子布用剪刀。	一般市販化妝品即可。

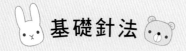 基礎針法

平針縫／接針縫一

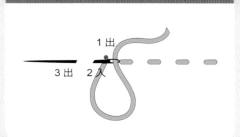

平針縫是利用針一上下的縫法縫合,並控制線段&針距的長短來對應不同的用途。表現手工的裝飾效果時,線段可加長間距隨意縫。用於縮縫時,線段與間距皆應大些才能更好地縮皺。若要縫牢一個物品,則建議採用小線段與小針距。

平針縫／接針縫二

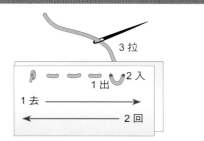

進行兩片縫合的平針縫時,線段&針距都要小。因為將兩片翻至正面再充棉時,線段&針距太大,棉花就會外露。
Tips:沒有針車,手縫襪娃娃也可以很快。只要在縫合線上,去縫一次、再回縫一次,這樣不但快速,也能像回針縫一樣的緊密,翻回正面後充棉也較無問題。

縮縫方法一

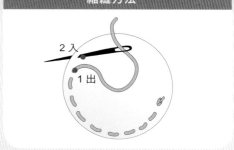

以平針縫的較大針距縫一圈,再拉緊縫線使縫口縮小。

縮縫方法二

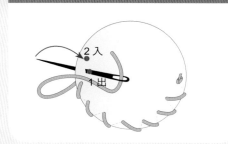

以繞邊縫控制針距大小,再拉緊縫線使縫口縮小。此方法較佳,完成的縮口不會太厚。

縮口方法一

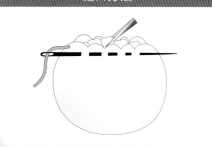

縮縫使充棉口變小後,走針1至2次,沿邊再拉緊,並把縫份塞入內裡使球形完整。

縮口方法二

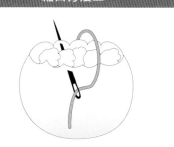

在還未縮縫至最小時,可利用前後拉、左右拉,將每個褶子拉平些,使縮口變小。

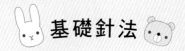 基礎針法

回針縫

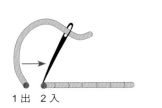

回針就是針前進後再回縫,使線段間沒有間距。可用於縫合兩片的物件。也可以使用略粗的手縫線作出襪娃娃的表情。

貼布繡

結合不織布,用於加強襪娃娃表情的豐富性。

斜線縫

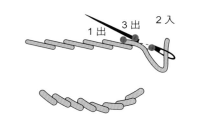

斜線縫是前進一個線段,再後退原線段的一半或一小線段再繼續縫。可應用於襪娃娃的表情,如:嘴、眉等,以較粗的手縫線縫出較明顯的表情。

鎖邊縫/繞邊縫

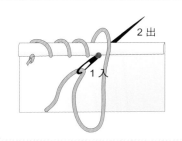

裁剪襪子製作衣服時,袖口、領口或衣下襬,皆可先摺邊,再以繞邊縫防止鬚邊。

暗針縫

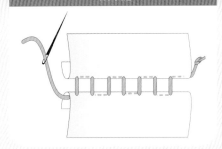

在充棉結束時,將充棉口縫合的方法。
也可將針距拉大些在最後拉縮,使縫合與縮縫一次完成。將各手、尾、耳縫合於另一組件上時,也是使用暗針縫法,但不需保持等線段,在大概的位置縫合即可。

飛行繡

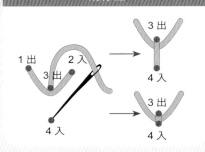

用於呈現動物的嘴線表情。

直平繡

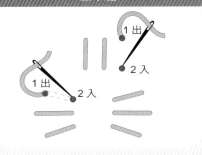

直平繡就是直向且加長縫線,常用於襪娃娃的嘴線、鬍鬚等。

吊線方法一

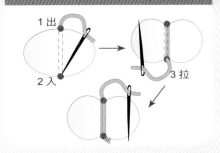

取粗線,如圖所示以直平繡於充好棉花的襪娃娃嘴部吊線的方法。將中間的線拉緊後縮短,使兩側呈現飽滿狀。重覆二至三次定型,力量要一致。

吊線方法二

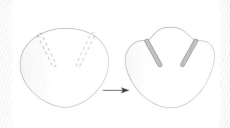

以吊線方法一相同作法,製作足掌與手掌的裝飾,產生手趾與足趾的效果。

共通製作技巧

斷棉

為了使耳＆頭，或手、腳＆身體的棉花不要連在一起，分區填入棉花作出立體感的作法，即謂「斷棉」。此作法也可以使襪娃保持穩定的坐姿。

微縮縫

在欲縮縫作出曲線處，以大針距平針縫後，再拉線微縮至預想的模樣。多用於頭部＆頸部的塑型。

組合接縫─手・足・尾

❶以珠針固定翅膀後，以暗針縫從上方縫合。

❷翻至翅膀下方，再暗針縫一次。

組合接縫─頭

❶拉緊針線使充棉口變小，此時頸圈不一定要縮到最小，如圖所示就可以了！

❷調整至適當比例後，將頭＆身體以暗針縫縫合。

共通製作技巧

縮縫手形

❶使用紙型以水消筆畫上要蹜縫的位置。

❷沿線平針縫，並以針在手部輪廓處挑棉花使其呈凸出狀。

❸手形微凸後，再如圖所示走向，在手內以暗針縫左右來回縫牢棉花，一邊穿縫一面拉凸。

❹慢慢地拉緊線，作出較立體的手形。

❺固定好手形後，於手後方打結並剪線。

來回縫眼

❶在眼睛位置打結＆穿入第一顆眼釦。

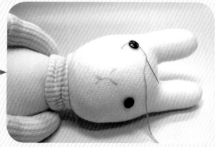

❷縫拉後穿至對側的眼睛位置，拉出針＆穿入左眼釦。

❸縫好眼釦後再將針回穿至右眼處，建議來回穿縫兩次較牢固。

如何使用本書紙型

紙型解讀

- ----------- 襪子主體內緣線
- ————————— 襪子主體外緣線
- ————————— 裁切取下型體
- — — — — — 中心對齊線
- - - - - - - 車縫線
- ∿∿∿∿ 縮縫記號
- ⊓⊔⊓⊔ 藏針縫 (暗針縫) 或繞邊縫

- ⌒ 對摺不裁開處
- ⬤ 一定要對齊處
- ☁ 充棉口
- ◓ 接連對合紙型

步驟圖解讀

- ————————— 裁下襪子的外線
- - - - - - - 縫製指示 (手縫或車縫)
- ⋯⋯⋯⋯ 襪型的內線或縫製的隱藏線
- ‥‥‥‥ 手工縫線如暗針縫貼布繡…等
- · · · · · 中心線
- ━━━━━ 斜線縫‧回針縫‧粗線縫化妝用

- ⬭ 斷棉 (此處不充棉)
- 1 2 3 4 5 6 7 步驟順序標示
- A B C D 點與點的標示

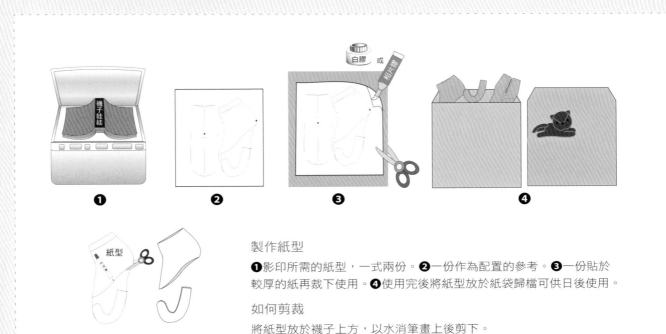

製作紙型

❶影印所需的紙型,一式兩份。❷一份作為配置的參考。❸一份貼於較厚的紙再裁下使用。❹使用完後將紙型放於紙袋歸檔可供日後使用。

如何剪裁

將紙型放於襪子上方,以水消筆畫上後剪下。

襪型解說

★襪子有三個面：正面、背面、側面。裁切時會依用途使用正面或背面或側面裁切，有時也會先側裁後，再從正面裁切
　作造型等。所以請先確認襪子的面向與紙型相符後再裁切。

★下圖為示意襪廠所織的襪子各有不同長短及寬窄，且有大人用及兒童用的不同等等。選購襪子時請儘量符合指定的襪
　子形狀，但若無法相同時仍可進行製作的，詳細應用作法見以下圖示說明。

短襪的不同

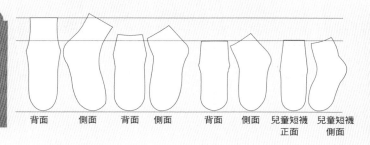

背面　　側面　　背面　　側面　　背面　　側面　　兒童短襪　兒童短襪
　　　　　　　　　　　　　　　　　　　　　　　　正面　　　側面

船型襪的不同

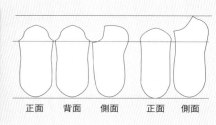

正面　　背面　　側面　　正面　　側面

紙型VS襪型

紙型　　Ⓐ襪子長　　　紙型　　Ⓑ襪子長　　　紙型　　Ⓒ襪子寬長　　紙型　　Ⓓ襪子短窄

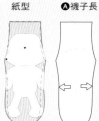　　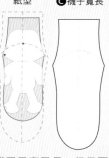　　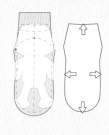

Ⓐ襪子只是比紙型略
長些且左右不夠寬，
只要左右拉一拉就變
短了。

Ⓑ襪子的寬度大致相同
但長很多，此時將一定
要對齊的黑點對好，再
左右對齊就可以了。

Ⓒ襪子又寬又長，但只要依
照Ⓑ襪的方法製作，將該對
齊處儘量對齊即可。方法
二：將紙型放大些再應用裁
切也OK。

Ⓓ襪子略窄且短，先上下拉
長＆拉寬些，再依照Ⓑ襪的
方法製作，首先對齊一定要
對齊的點，再左右對齊。

紙型VS襪型

紙型　　紙型　　兒童短襪Ⓐ　　紙型　　他廠短襪Ⓑ　　紙型　　他廠短襪Ⓒ　　紙型　　外型相近尺寸
　　　　　　　　　　　　　　　　　　　　　　　　　　　　　　　　　　　兒童短襪Ⓓ

　　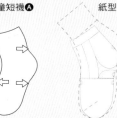　　　　　　　　　　　　　　　　　　　

Ⓐ紙型是一般的短襪，與不同廠出品的
兒童襪相差不大，先左右拉寬一下，至
少寬度對齊了再分次裁切，如：先著重
大面積、中面積，再小面積地取布片。
紙型並沒有一定要對齊的圖示，只要特
別注意對摺符號處是否對齊即可。

Ⓑ他廠短襪Ⓑ比對紙型
後只有上方較長些，因
此以Ⓐ襪相同作法分
次對齊裁切，或依紙型
一一剪下，再對齊折邊
（左右）即可。

Ⓒ短襪與原紙型差距不多，
以Ⓐ、Ⓑ襪相同作法，多一
點少一點也沒關係，製作
襪娃娃只要採近似值就可以
了！因為略有不同也是手作
襪娃娃獨特的價值。

Ⓓ短襪與原紙型外
型相近但尺寸較
小，就直接縮小紙
型來裁切布片。

★襪子是以符合人體工學為前題製作生產的，所以有一定的相似值。男襪、婦人襪、兒童襪除了尺寸上的不同，也有形
　狀上的設計材質、花樣、伸縮度、功能等差異。我在「紙型 VS 襪型」中作了很多的應用說明，請輕鬆地學習，沒有
　很精準也是 OK 的！

────────────	裁下襪子的外線	斷棉 (此處不充棉)
- - - - - - - - - - - - -	縫製指示 (手縫或車縫)	1 2 3 4 5 6 7　步驟順序標示
⋯⋯⋯⋯⋯⋯⋯	襪型的內線或縫製的隱藏線	A B C D　點與點的標示
∷∷∷∷∷∷∷∷∷	手工縫線如暗針縫貼布繡…等	
─ · ─ · ─ · ─	中心線	
━━━━━━━━	斜線縫 · 回針縫 · 粗線縫化妝用	

主體襪
短襪 ×1

眼
米色不織布 14cm×14cm、四孔黑釦 15mm×2

嘴
灰色或淺咖啡不織布 15cm×15 cm

紙型／P.84	尺寸／約 18cm×14cm	總重／110g

Type Level ★★

01

備齊材料。

02

利用紙型剪下各部位。

03

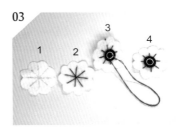

眼眶：先以水消筆畫記號線，再以粗線縫上米字＆加上釦子縫牢固定。製作兩個。

04

嘴：將半圓兩邊內摺對合再對摺，再將結藏於中間，由尖端開始繞邊縫至邊緣處打結固定。

05

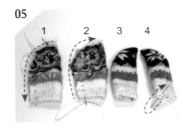

雙翅：先由上往下平針縫，再由下往上平針縫（這樣的縫法可使縫距較細密）。再翻回正面，將返口繞針縫縫合。

06

身體：將剪口直向轉橫向，並以珠針固定＆沿邊平針縫，並留充綿口。

07

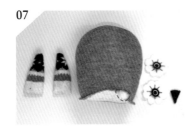

將身體充棉，並完成雙翅、眼眶、嘴。

08

【組合】以平針縫縫合身體充棉口後，決定鼻（微貼）、雙眼（微貼）、雙翅（以珠針等高固定）位置。

09

將鼻稍微充棉＆微貼後，在上下左右四個點處暫縫固定。並以貼布繡將眼縫牢。

這個作品的身體非常簡單，製作重點在眼睛與嘴的放置＆貼布繡要以中心為基準。

※ 小訣竅！前頭的縫線有兩種處理方法──
　　方法一：從外側縫（如示範）。
　　方法二：從裡側縫後翻回正面再壓線。

※ 遇到作品底部比較坐不穩時，也可以參照此作品的解決方法。

10

以貼布繡縫牢鼻子後打結收尾。

11

以珠針固定翅膀後，以暗針縫從上方縫合。

Tips

接縫外加的組件時，皆以此作法縫合。

12

翻至翅膀下方，再暗針縫一次。

13

若希望翅膀呈下垂狀時，再於內側接縫一直線的暗針縫。

14

完成！

Plus!　讓襪娃端正坐好的小訣竅

01

因充棉＆襪型使襪娃坐不穩或希望底部縮短時，先以水消筆畫圓形，再沿邊大針距地平針縫。

02

拉緊平針縫的縫線，將圓形縮小（縮縫），完成後打結固定。

03

身體變短＆坐更穩了！此作法亦可應用於其他類似的作品。因襪子容易鬚邊，若能不裁剪而直接以修飾的作法改造是比較理想的。

主體襪
黃色短襪 ×1……身體、藍色短襪 ×1……頸

眼・鼻
黑眼釦 6mm×2……眼、紅心釦 12mm×1

| 紙型／ P.85 | 尺寸／約 17cm×11cm | 總重／ 80 至 90g |

此作品為一體成型，製作方法相當簡單。嘴的表情是依襪子本身的紋路加上趣味性，若無相同紋路亦可自行畫上。

Type Level ★

尾

頸飾

依紙型剪下後縮縫 & 充棉，再將縮口縮到最小。

依紙型剪下後，將上、下邊緣分別往內摺入使頸高變短。

身體

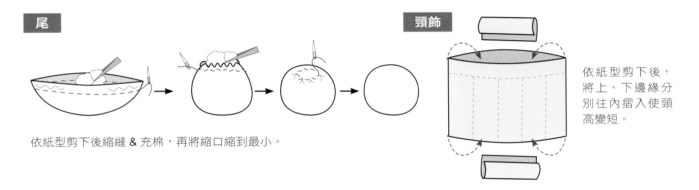

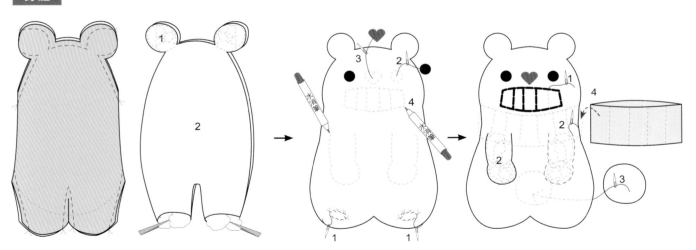

❶依紙型剪下後，如圖所示進行縫製。再翻回正面由足處充棉：先將耳充成圓球狀，再將身體填充飽滿。

❷依數字順序：1暗針縫後拉縮足底；2 & 3 縫上眼鼻；4 畫出嘴形；5 在適當位置畫出手形。

❸細部組合：1以斜線縫縫嘴；2以平針縫縫手後拉縮；3從背面縫上尾；4套上頸飾，完成！

此作品為一體成型，是最容易製作 & 縫製的作品。
但在裁切襪子時要仔細對齊左邊與右邊。

③ 洋裝兔

主體襪
素色短襪 ×1……身體、小花襪 ×1……衣服

眼
黑眼釦 6mm×2

鼻嘴 & 鬍鬚
桃紅色繡線……鼻嘴、黑色繡線……鬍鬚

| 紙型／ P.86 | 尺寸／約 15cm×9cm | 總重／60g |

尾

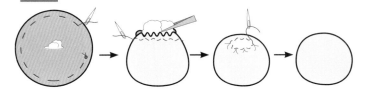

沿邊縮縫後充棉，再將縮口縮 2 至 3 次縮到最小。

頭飾花

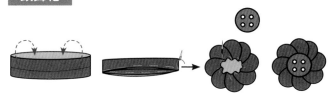

❶ 剪下後將環往內對摺至一半
　的寬，再沿邊大針距地縮
　縫。

❷ 拉緊縮縫使中心圓變小
　後，加入釦子縫於中心
　即完成。

身體

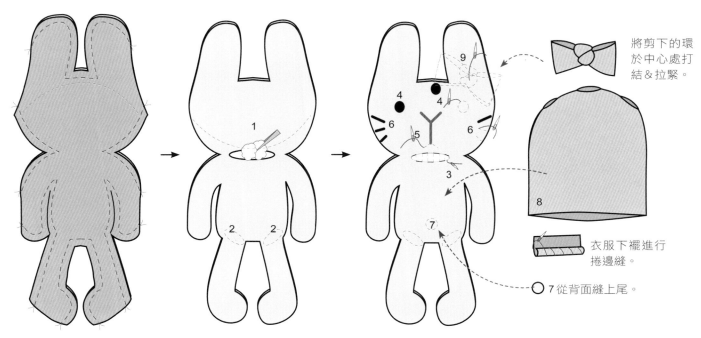

將剪下的環
於中心處打
結 & 拉緊。

衣服下襬進行
捲邊縫。

○7 從背面縫上尾。

❶ 依紙型剪下後，
　如圖所示縫製。

❷ 翻回正面，由前頸處充棉：頭要充得飽滿，身體 & 腳的
　連接處則要斷棉。 完成充棉後，整理整體造型並縫合充
　棉口，再依數字順序縫眼、以粗線縫鼻嘴 & 鬍鬚、縫上
　尾巴、穿上衣服及加上頭飾。

主體襪
半筒襪 ×1

眼
黑色四孔釦 15mm×2

嘴＆鼻
與襪子同色的繡線……嘴、其他襪子餘布……鼻

其他
緞帶 寬 1.5cm× 長 45cm

紙型／ P.104	尺寸／約 33cm（含耳）×14cm	總重／ 90g

此作品是毫不浪費地完整使用一只襪子，裁切兩刀即可作出一隻兔子。重點在於將各部位填入適量的棉花作造型，可作為填充棉花的最佳練習。

鼻＆尾

❶ 剪下圓形縮縫＆充棉，再將縮口縮小後再縮小，使縮口變成極小。

❷ 以手搓圓。

手

❶ 如圖所示縫合，並將底縮縫至最小。

❷ 翻回正面充棉。

❸ 以暗針縫縫合充棉口，共製作兩個。

身體

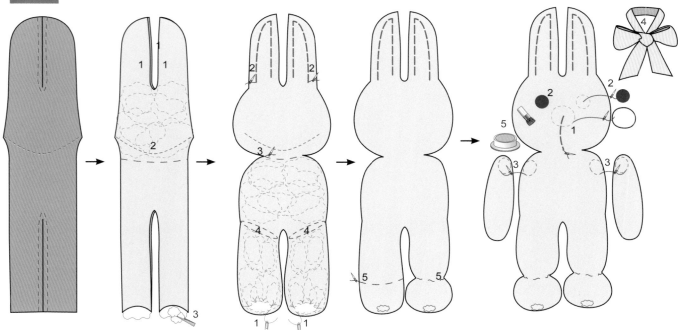

❶ 如圖所示縫合耳＆足。

❷ 翻回正面，由足底充棉：1 不要充棉；2 將臉填充飽滿；3 將兩足充入等量的棉花。

❸ 整理型體：1 縮縫足底；2 調整耳朵的形狀＆平針縫固定；3 微縮頭頸處作出頸部；4 斷棉；5 微縮縫出腳掌。

❹ 依數字順序組合各部位＆作出表情。

主體襪
橘色褌襪 ×1……主體
條紋短襪 ×1……頭飾＆衣服

眼
黑眼釦 6mm×2

眉毛　　　　　　　　**嘴**
黑色繡線　　　　　　　主體襪同色繡線

紙型／ P.90	尺寸／ 23cm×11cm	總重／ 50 至 60g

這個作品是一體成型的。在使用同樣紙型下我應用了一個小技巧：製作坐姿鴨時，於底部（前頸處）切一刀為充棉處；若製作趴姿鴨時，則於上方（後頸處）切一刀為充棉處。此作品中我也加入了較多的充棉順序，希望你能在練習實作時能感受到充棉的韻律。

Type Level ★★

蝴蝶結

❶ 如圖所示縫製＆預留返口。

❷ 翻回正面後，以暗針縫縫合返口，再於中心處打結。

衣服

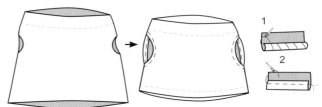

❶ 如圖所示裁剪襪子作為衣服。

❷ 將袖口＆衣緣以針法 1：捲邊縫處理；或以針法 2：摺邊後平針縫。

尾

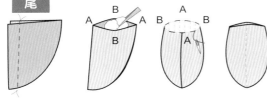

全身

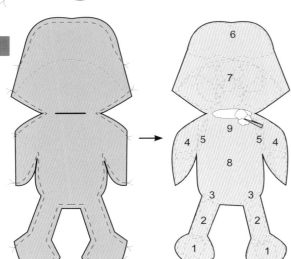

❶ 如圖所示縫製＆預留返口。

❷ 如圖所示依序學習充棉的方法
1 將一個區塊填充飽滿；2 充入一塊長棉；3 斷棉（使腳易於活動）；4 重點在於充棉時要確實作出尖端狀；5 斷棉；6 在嘴部充入一層棉；7 將頭部充填飽滿；8 適度地將身體填充飽滿；9 以暗針縫縫合充棉口。
Tips：此充棉口在後頸，所以作品設定為趴姿。

❸ 依圖順序：
1 以平針縫穿縫至下方；2 將嘴以回針縫壓線；3 縫眼；4 以斜線縫縫眉；5 以暗針縫縫尾；6 以粗線縫出腳掌。

主體襪
腳趾＆襪底有配色的白色短襪 ×2……主體

眼＆嘴鼻
黑色雙孔釦 10mm×2……眼、黑色繡線……嘴鼻

肚子＆龜殼紋路
桃紅色繡線

紙型／ P.92	尺寸／約 17cm×8cm	總重／80 至 90g

此作品需要選擇腳趾＆襪底有配色的襪
款，效果才會出來。紙型＆作法同樣簡
單，僅增加了一些繡法裝飾造型。

Type Level ★★

身體

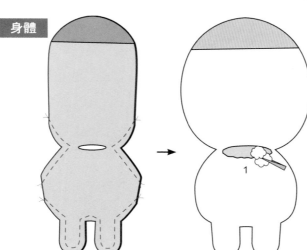

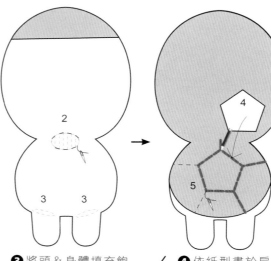

❶ 如圖所示裁切紙型＆
進行縫製。

❷ 翻回正面充棉。

❸ 將頭＆身體填充飽
滿，將返口縫合後
於 3 處斷棉。

❹ 依紙型畫於肩部，
再以斜線縫縫出背
部的線條紋路。

手

如圖所示縫合＆翻回正面充棉，再以暗針縫
縫合。共製作兩個。

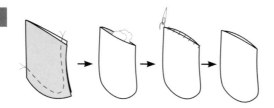

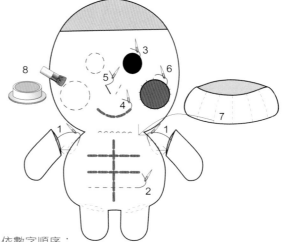

❺ 依數字順序：
　1 縫上手；2 在胸前以斜線縫縫上裝飾線；
　3 縫上雙眼；4 以斜線縫縫嘴；5 縫上鼻；
　6 以貼布繡縫上雙腮；7 套上短襪的襪高作為頸；
　8 塗上腮紅，完成！

主體襪
素色短襪 ×2

嘴
各色繡線

眼&鼻
黑眼釦 10mm×2、鼻圓珠 10mm×2

紙型／P.94	尺寸／約 22cm×14cm	總重／70g

此作品我加入巧妙的頸部裁切，所以頭、身體、足，
是一體成型的。手、耳、嘴、尾則分別縫上即可。

Type Level ★★

手臂

❶ 如圖所示縫邊後翻回正面
　充棉，再以暗針縫縫合。

❷ 共製作兩個。

熊耳

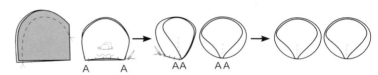

❶ 如圖所示縫邊後，翻回
　正面充入少許棉花，再
　以暗針縫縫合&拉縮。

❷ 將 A 對 A 點縫合後，再縫一道直
　向縫線。共製作兩個耳。

尾&嘴（作法相同）

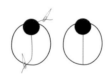

❶ 沿邊縮縫後，將縫線拉緊，縮小充棉口。

❷ 嘴完成後加縫圓珠，再縫上嘴線並稍
　微拉緊，於背面打結收尾。

身體&頭

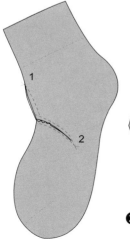

❶ 依紙型裁剪後，
　先縫直向 1 後，
　再橫向縫 2。

❷ 依紙型轉為橫向
　將頭攤平，如
　圖所示縫足。

❸ 翻回正面充棉。

❹ 在大腿 1 處斷棉，
　再將頭部充出圓
　球狀，在頭頂 2
　縮縫。

組合

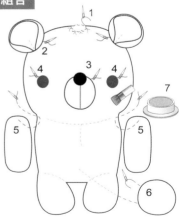

❶ 將頭頂 1 縮口再縮小，
　使頭大些身體肥肥的，
　再依數字的步驟以暗針
　縫接縫於各部位。

61

鼠

兔

貓

⑨ 可愛動物

主體襪
各色船型襪 ×2

鼻
紅色四孔釦 20mm×1……豬
黑色圓釦 12mm×1……鼠・貓・兔

其他
紅色不織布……舌、白色不織布……齒

眼
半透明咖啡釦 8mm×2……豬
黑眼釦 11mm×2……鼠・貓・兔

| 紙型／ P.96 | 尺寸／約 11cm×10cm | 總重／ 60 至 70g |

貓・耳

貓・尾

如圖所示縫製後，
翻回正面充棉再以
暗針縫縫合。

貓・身體

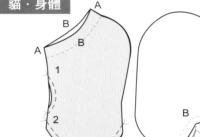 → 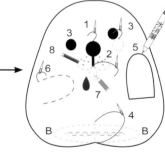 →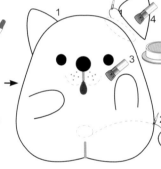

❶ 如圖所示依序縫製後，翻回正面將身體以棉花填充飽滿，再使充棉口由直向（ABA）展開為橫向（BAB）＆以暗針縫縫合。

❷ 如圖所示依序縫：1 縫鼻；2 粗線縫嘴 ＆ 吊線作出嘴形；3 縫眼；4 粗線拉出足的弧度；5 以水消筆沿紙型畫出手形；6 沿畫線處以粗線平針縫後拉縮出浮雕式的手；7 黏上舌頭；8 以黑原子筆或鉛筆等畫鬍渣。

❸ 如圖所示依序：
1 縫耳；2 從背面縫尾；
3 ＆ 4 塗上腮紅，完成！

兔・尾

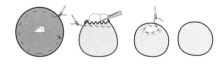

如圖所示縮縫後充棉，再將縮口分 2 至 3 次縮小成較圓的形狀。

兔・耳

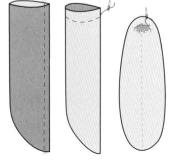

如圖所示縫合側邊後，翻回正面縮縫返口但不充棉，並將縫份塞於內裡。再調整側邊縫線至置中，以縫線面為內耳側。

兔・身體

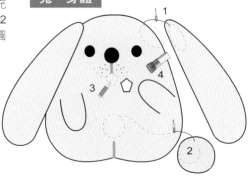

身體作法同貓，再縫上雙耳、背面縫尾、貼上牙齒、塗上腮紅，完成！

豬

這組的造型是類一體成型。手是浮雕式的作法，
只要縫上耳＆尾＆鼻就能作出不同的動物造型。
重點在於嘴要微凸飽滿＆下中心處因需以拉線法拉出雙足，
充棉要飽滿些才會可愛喔！

鼠・耳

❶ 依紙型剪下後，橫向
　 展開＆摺邊，再以大
　 間距的暗針縫縫合。

❷ 拉縮返口後，以有襪子線
　 的面為外耳側，再以粗線
　 大間距平針縫作裝飾定型。

鼠・身體

身體作法同貓，再縫上雙耳、背面縫尾、
貼上舌、塗上腮紅，完成！

豬・耳

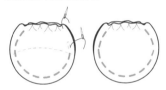

❶ 如圖所示以大針距
　 平針縫後拉縮。

❷ 翻回正面充入少許棉花後，
　 以暗針縫縫合充棉口。

豬・尾

以大針距平針縫後拉縮＆翻回正面，
充棉後再以暗針縫縫合＆拉縮充棉口。

豬・身體

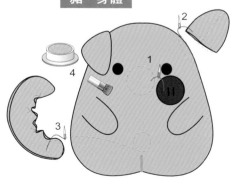

身體作法同貓，再使鼻處微凸＆縫上釦子、
縫上雙耳、背面縫尾、塗上腮紅，完成！

63

此組作品造型簡單，
重點在於縫製表情的針法練習＆變化。

10　長腿貓

主體襪	眼
男性咖啡色長筒襪 ×2……主體	綠色四孔釦 16mm×2
五趾條紋襪 ×1……衣服	白色不織布 5mm×5mm
嘴	**鼻**
各色繡線	紅色不織布

紙型／ P.100	尺寸／約 32cm×15cm	總重／ 130 至 140g

Type Level ★★

手

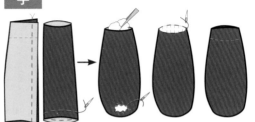

❶ 如圖所示縫製側
邊後，翻回正面
縮縫下方。

❷ 縮縫後充棉，並將下方填
充得飽滿一些，再以暗針
縫縫合上方充棉口。

尾

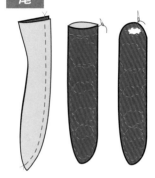

如圖所示縫製，再翻回正
面充棉＆縮縫上方。

條紋襪衣服

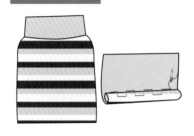

剪下後，如圖所示內摺下擺，
再以暗針縫縫合收邊。

身體

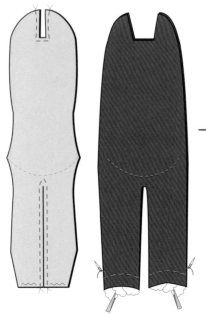

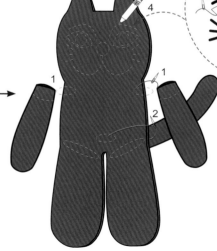

❶ 如圖所示縫製，再翻回正面在
下方腿處充棉。

❷ 充棉時確實地作出頭型＆
身體，大腿處則須斷棉，
並縮縫足底充棉口。

❸ 依數字順序製作：1 & 2
將手＆尾以暗針縫接縫；
3 再畫上表情。

❹ 按照數字順序縫上表
情：1 & 2 將眼釦縫
於白色不織布後，再
貼布繡於眼睛位置；
3 貼布繡鼻並充點棉
作出半立體感；4 斜
線縫嘴；5 粗線縫鬍
鬚，完成！

64

| ⑪ | 坐坐蛙 |

主體襪
短襪 ×1

眼
黑眼釦 8mm×2

嘴
紅色繡線

| 紙型／P.105 | 尺寸／約 18cm×12cm | 總重／100g |

此作品簡單即可完成，但要挑選腳趾＆襪底有配色
的襪款，才能作出此作品造形的趣味。本書中都以
較易取得且平價的襪子來製作，你也可以買質感好
的襪子來製作，就會變成精品喔！

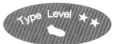

足

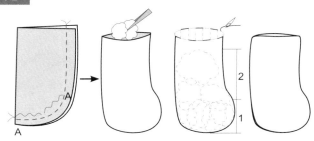

❶ 依紙型剪下，如圖所
示縫製。A 至 A 處縫
好後拉縮再打結。

❷ 翻回正面充棉：1 處棉多，
2 處棉少，再暗針縫封口。

眼

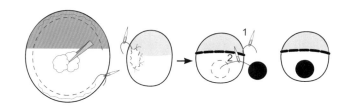

❶ 裁切眼球時，橢圓處要有襪
子本來的配色。縮縫後充棉，
再使充棉口變最小。

❷ 整理成約圓球狀，以
斜線縫縫眼線，再縫
上眼釦。

身體＆頭

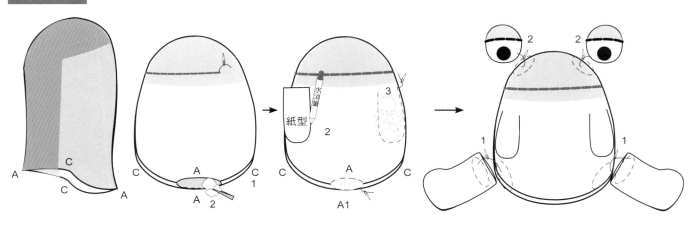

❶ 側面裁切襪子後，翻至反面將 A 點對 A 攤平，
再以平針縫縫合 CAC 段，並預留返口翻回正
面充棉。

❷ 棉花填充飽滿，再以暗
針縫縫合充棉口；並利
用紙型以水消筆畫出手
形，再以平針縫拉縮，
使手形凸出。

❸ 將已作好的足＆眼分別
縫上，完成！

65

主體襪
條紋船型短襪 ×1……身體
素色船型短襪 ×1……頭

眼
黑眼釦 17mm×2

嘴
桃紅或黑色繡線

紙型／ P.106	尺寸／約 19cm×12cm	總重／ 90g

Type Level ★★★

01

如圖所示備齊材料：2 只襪子、
2 顆眼釦。

02

依紙型裁下各組件。

03

依紙型縫製指示，翻至背面縫製
尾、身體、頭、鼻。

04

鼻：填入棉花後拉緊縮縫，再將
充棉口前後左右拉縫縮小。

05

頭：充棉飽滿後，縮縫充棉口。

06

縮口拉緊變小後，打結收尾。

07

將身體、尾、頭都充入棉花。

08

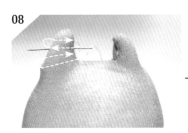

【縫製表情】耳：左耳如圖所示
左右線段對拉，完成時如右耳。

09

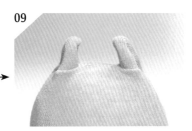

因對拉，使雙耳如圖所示由橫向
轉直向。

在製作襪娃娃時，要可愛就要作得圓嘟嘟的。
如本作品般：兩腮飽滿、身體圓嘟嘟、加上適當淡妝，
把握這三個重點，你作的娃娃就會可愛&有氣質喔（笑）！

10

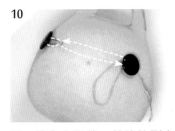

眼：縫上右眼後，針線拉到左邊加上眼釦，再穿縫回右邊打結固定位置。

11

鼻：暗針縫一圈，固定鼻子。

12

嘴：針穿縫 A 點到 B 點後拉緊，此縫法稱為「吊線」。

Tips

吊線，是作布偶常用的技術之一，嘴會因吊線而擠出大大的雙腮，很可愛唷！簡單說，就是將原長線拉縮成較短線的人中線。

13

嘴：拉緊線，在隱藏處打結把線頭藏起來（通稱「收尾」）。

14

拉吊線最好使用較粗的線，若沒有也建議取用多條線，才不會拉到一半斷線。相對的，針也應選用粗針。吊一次線不夠明顯時，可再拉吊一次。

15

【組合】尾：尾以珠針固定後，縫一圈暗針縫（參考貓頭鷹的雙翅縫法）。

16

身體：在儘量不裁切的原則下，因各家襪子尺寸不同，身體的比例太高時，就以平針縫的大針距縮縫法解決。

17

拉緊針線使充棉口變小，此時頸圈不一定要縮到最小，如圖所示就可以了！

18

比例調好後，將頭&身體以暗針縫縫合。要縫的很正時，以珠針對準前後左右四個點固定。（作者則喜歡隨性感覺，有點歪頭或許較可愛呢！）

19

【縮縫手形】使用紙型以水消筆畫上要縫的位置。

20

沿線平針縫，並以針在手部輪廓處挑棉花使其呈凸出狀。

21

手形微凸後，再如圖所示走向，在手內以暗針縫左右來回縫牢棉花，一邊穿縫一面拉凸。

22

慢慢地拉緊線，作出較立體的手形。

23

固定好手形後，於手後方打結並剪線。

24

塗上腮紅，更可愛喔！完成！

主體襪
短襪 ×2

眼
黑色四孔鈕 20mm×2、白色不織布 10cm×10cm

嘴
桃紅色繡線

此作品頭 & 身體都是一體成型，也很適合初學者挑戰喔！

紙型／P.108	尺寸／約 30cm×15cm	總重／100g

頭

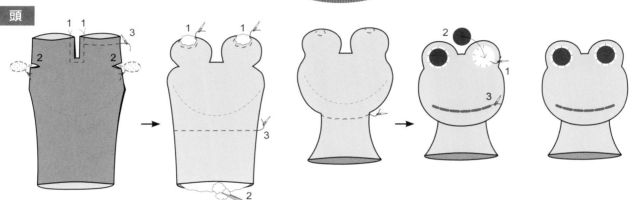

❶ 依紙型剪下後，先將 1 縮縫，再以暗針縫縫合 2。

❷ 將 1 縮縫至最小，再從 2 充棉使頭形飽滿後，在 3 縮縫一圈拉緊，使棉花僅集中於上半部。

❸ 縫製表情：1 貼布繡；2 縫上眼；3 斜線縫嘴，再將頭型整理得飽滿可愛。

身體 & 前後足

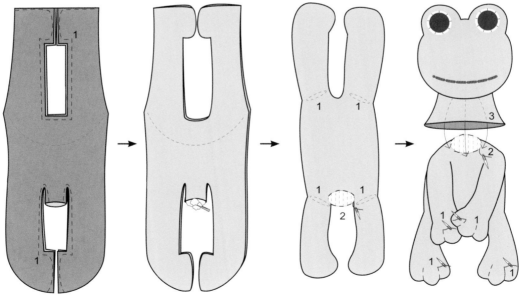

❶ 依紙型剪下後，將 1 處縫合。

❷ 翻回正面再由頸處充棉。

❸ 將 1 雙手 & 雙足連接身體處斷棉，再將 2 充棉口以暗針縫縫合。

❹ 在 1 處吊線使其作出手 & 足的模樣。

❺ 組合頭 & 身體，於 2 處以暗針縫縫合，再將 3 處作成翻領，完成！

69

轉轉龜

主體襪
條紋短襪 ×1

眼＆鼻
黑眼釦 6mm×2

嘴
紅色繡線

| 紙型／ P.110 | 尺寸／約 15cm×9cm | 總重／ 40g |

Type Level ★★★

前足＆後足

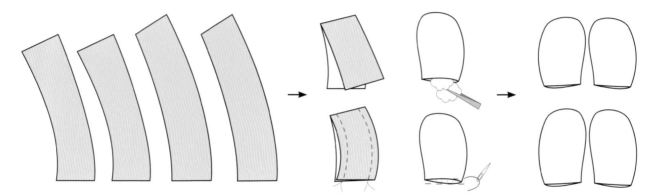

❶ 依紙型裁下前足＆後足。

❷ 往下對摺後如圖所示縫製，再翻回正面充棉＆以暗針縫縫合。

❸ 完成前足＆後足各兩個。

尾

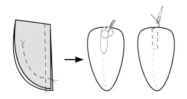

❶ 裁下尾，如圖所示縫製。

❷ 翻回正面充棉，再以暗針縫縫合。

頭

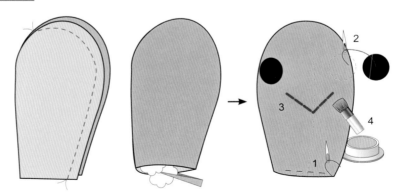

❶ 裁下頭後如圖所示縫合，再翻回正面充棉。

❷ 以步驟❶側邊縫合線為正面中央，再以暗針縫縫合充棉口、縫眼、斜線縫嘴、塗上腮紅。

此作品僅需一只襪子，
應用本體襪的花紋 & 不浪費材質的裁切技術，
即可完成一隻可愛的烏龜。

身體

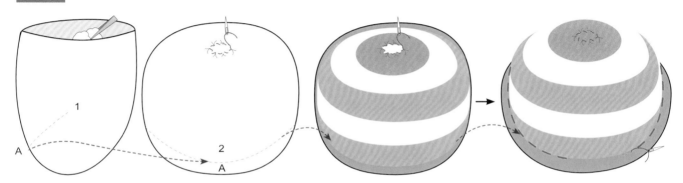

❶依紙型裁下身體。

❷如圖所示以將步驟 1 橫向展
開，使 A 點位為正面中央後，
由上方充棉至飽滿，再將縮口
收至最小。

❸以襪子車縫線為基準，拉出一個寬度，
再以平針縫上下壓線固定。

組合

依數字順序組合：
1 前足；2 後足；3 尾；4 頭（縫
頭時先將頸縫於身底，再將頭 &
身體縫牢固定），完成！。

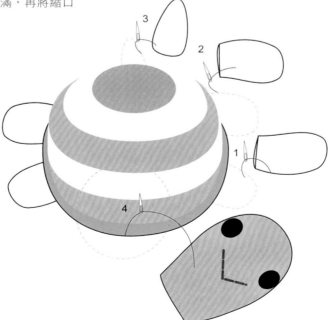

主體襪
條紋船型短襪 ×1、素色短襪 ×1

眼	**鼻**
黑眼釦 7mm×2	黑色不織布 5cm×5cm
嘴	**眉**
紅色繡線	黑色繡線

紙型／ P.112	尺寸／約 22cm×13cm	總重／ 100g

鼻

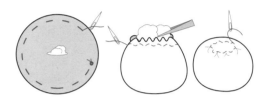

沿邊縮縫＆充棉，再拉縮縫口至
最小，並以手搓揉成橢圓狀。

尾

如圖所示縫製＆翻回正面充棉，
再以暗針縫縫合充棉口。

手

如圖所示縫製＆翻回正面充棉，再以暗針縫縫合充棉口。

耳

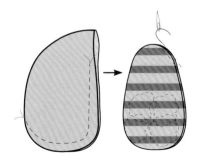

如圖所示縫製＆翻回正面充入些
許棉花，再以暗針縫拉縮＆縫合
充綿口。

此作品很簡單就能完成，
也是素色襪＆花紋襪的結合設計。
只要變換花紋就有不同的設計感，
或作成單色狗狗不穿衣服的樣式也 OK 喔！

頭

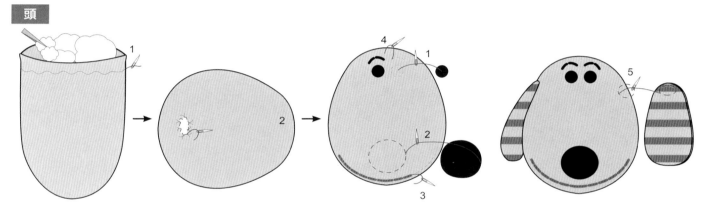

❶ 如圖所示充棉後縮
縫拉縮。

❷ 拉縮充棉口至最小，以
1 為後頭，2 為前嘴。

❸ 依數字順序縫上眼、鼻，以斜線縫縫嘴＆眉毛，再以暗針縫縫上雙耳。

身體

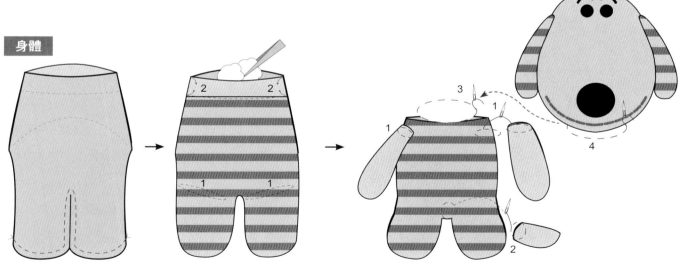

❶ 如圖所示縫製，再翻回正面充棉，並於 1 處斷棉。
充棉完成後將 2 處往下內摺，使身體變短。

❷ 依數字順序組合：以暗針縫縫上手＆尾，稍微
縮縫頸部再以暗針縫接縫頭部，完成！

主體襪
條紋短襪 ×2

眼＆鼻
黑眼釦 10mm×2
鼻圓珠 10mm×1（鼻也可以手縫成 V 狀）

嘴＆鬍鬚
桃紅繡線……嘴、黑色繡線……鬍鬚

以手繡方式呈現鼻子＆嘴，或加上圓釦作為鼻
也 OK。身體＆頭各自一體成型，只要再縫上
尾，很快就完成囉！

| 紙型／ P.111 | 尺寸／約 25cm×10cm | 總重／ 90g |

Type Level ★★★

尾

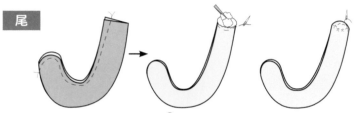

❶ 依紙型剪下尾，
　如圖所示縫合。

❷ 翻回正面充棉後，縮縫使返口變小。

頭

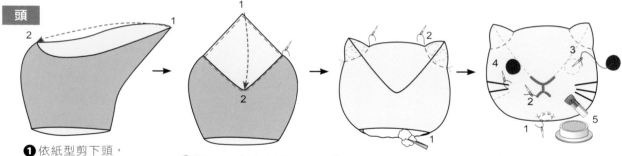

❶ 依紙型剪下頭，
　如圖所示縫合。

❷ 將 1 & 2 對合後縫合。

❸ 翻回正面充棉：1 由下方
　處充棉；2 耳處充好棉
　後，微縮縫使耳明顯。

❹ 將頭填充飽滿後，縮縫 1 充
　棉口，再依序縫上鼻、嘴、
　眼、鬍鬚，並塗上腮紅。

身體

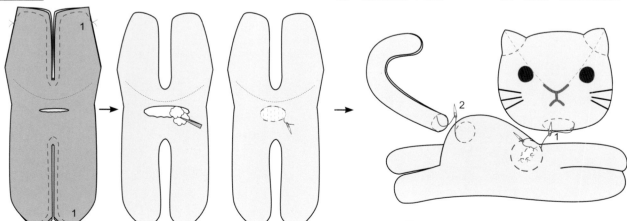

❶ 依紙型剪下後，將 1
　處縫合作出手＆足。

❷ 翻回正面後充棉，並以暗針
　縫合充棉口。

❸ 調整棉花使屁股呈飽滿狀，再從 1 處將
　頭＆頸以暗針縫縫合 2 圈，並於 2 處
　縫上尾，縫 2 至 3 圈使其牢固，完成！

⑤ 幼幼兔

主體襪
素色短襪 ×2……身體　素色短襪 ×1……頭

眼
黑眼釦 12mm×2

嘴
桃紅色繡線

| 紙型／ P.88 | 尺寸／約 18cm×10cm | 總重／ 100g |

Type Level ★★★★

01

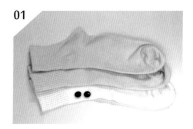

如圖所示準備 3 只襪子 & 2 個眼釦。

02

紙型的對齊點如圖所示對齊後，以水消筆畫記再裁剪，或以珠針固定直接裁剪。

03

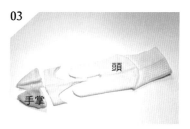

裁下頭 & 手掌。

04

裁下身體、手臂、尾。

05

將裁下的組件翻至背面進行縫製。

06

【縫製組件】手掌：以平針縫縫邊後拉線縮縫，再翻回正面充棉。

07

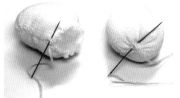

手掌：充棉口以大針距平針縫，再拉線縮縫。

08

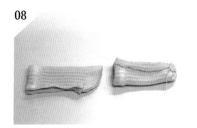

手臂：以平針縫先直向縫合側邊，再縮縫手臂端。

09

手：手臂充棉後將手掌塞於手臂，再以暗針縫縫合。

10

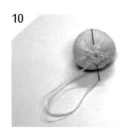

尾：尾充棉後，將縮口收至最
小作成一圓球。

11

頭

頭：翻回正面後充棉，並在耳
&臉間斷棉。

12

身體：翻回正面後充棉。腿要
斷棉才坐得穩喔！

13

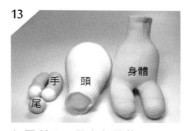

手　　身體
尾　頭

如圖所示，備齊各組件。

14

整理好頭部的造型後，將頸平
針縫後拉線縮縫至如圖所示
般，只要棉花不要掉出即可，
此法為「微縮縫」。

15

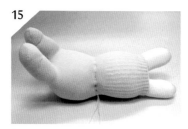

【組合】將頭插入身體，並調整
放置位置後，以較大針距平針
縫，使頭&身體的頸處結合，
並繞頸一圈後再拉線微縮。

16

縮小針距再縫一圈，並拉縮至
適當的頸寬。

17

將頸往下折，再以珠針將雙手&
尾固定於預定位置待縫。

Type Level ★★★★

18

尾以暗針縫接縫兩圈。

19

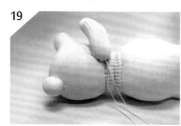

在手關結處暗針縫兩圈。

20

若希望手呈下垂狀時，再由關結
處往下縫一直線的暗針縫。

21

【表情＆化妝】以水消筆畫上眼
＆鼻的縫製點線。

22

在眼睛位置打結＆穿入第一顆眼
釦。

23

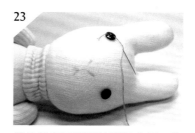

縫拉後穿至對側的眼睛位置，拉
出針＆穿入左眼釦。

24

縫好眼釦後再將針回穿至右眼
處，建議來回穿縫兩次較牢固。

25

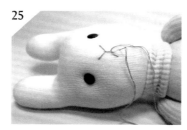

在眼釦下打結後，再將線拉到鼻
嘴處，縫上表情。

26

塗上腮紅裝可愛！完成！

主體襪
兒童短襪 ×3……身體、兒童短襪 ×1……帽子
（請挑選後腳跟有配色的襪款）

眼
黑白釦 14mm×2

嘴
紅色繡線

紙型／P.114	尺寸／約 35cm×15cm	總重／150g（含帽）

耳

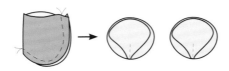

耳的作法參考肥肥熊耳（P.61）。

帽子

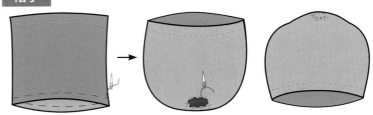

以另一只短襪裁下後縮縫至最小。

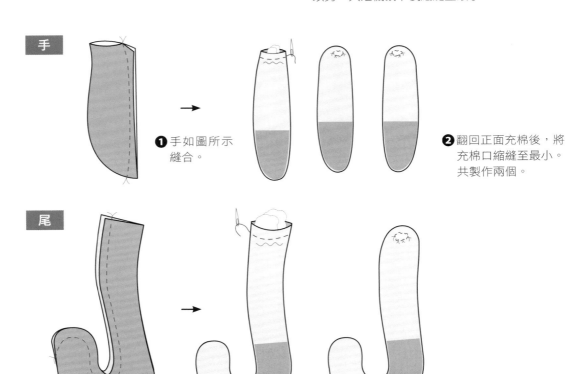

手

❶ 手如圖所示縫合。

❷ 翻回正面充棉後，將充棉口縮縫至最小。共製作兩個。

尾

❶ 手如圖所示縫合。

❷ 翻回正面充棉。

❸ 將充棉口縮至最小。

這個作品需要使用腳跟＆腳趾有配色的襪款才作得出特色。
只要有耐心地一個個完成各部位再組合就可以了！

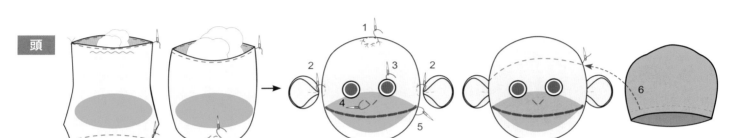

Type Level ★★★

頭

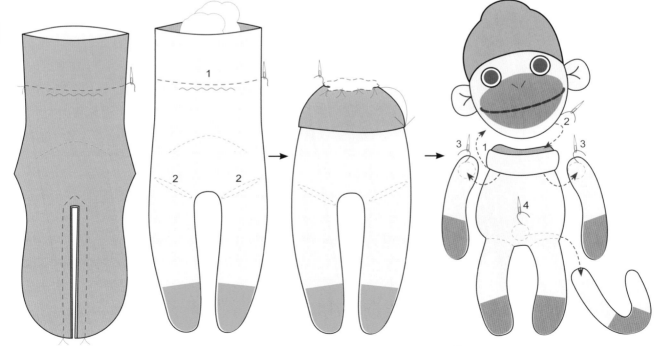

❶ 使頸處縮縫得略小些，充棉使嘴呈
凸出狀，再將整個頭部填充飽滿
至圓蛋狀。

❷ 依數字順序：1 將頭頂縮縫至最小；2 縫上雙耳；3 縫上雙眼；4 縫上鼻；
5 以斜線縫或回針縫縫嘴；6 縫上帽子。

身體

❶ 依紙型裁下後縫足，再翻回正面在短襪的襪頭
2/3 處縮縫＆充棉：1 使坐底凸出；2 大腿＆身
體連接處則要斷棉使足方便彎摺坐穩。

❷ 調整好弧度後，襪口適當
地縮縫（保留頸的寬度）
＆由內翻出。

❸ 組合，將作好的各組件依數
字順序縫上固定（尾接縫於
後側坐底上），完成！

主體襪（示範作品：兔）
較長＆有花紋的粉色船型襪 ×2……身體＆頭
白色短襪 ×1……衣服　桃紅色短襪 ×1……尾＆鼻

眼
黑眼釦 17mm×2、白色不織布 15cm×15cm

嘴
紅色繡線

紙型／ P.116	尺寸／約 22cm×14cm	總重／ 160g（含帽）

Type Level ★★★★

兔、狗、貓鼻

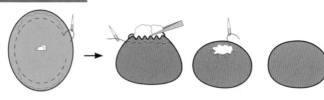

❶ 將橢圓片充
棉＆縮縫。

❷ 縮縫後將充棉口再度變小，且整理成
飽滿的橢圓形球狀。

虎鼻

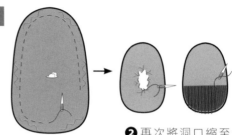

❶ 將裁下的布充棉縮縫。

❷ 再次將洞口縮至最小，
並整理成上窄下寬狀，
以深色繡線縫鼻端。

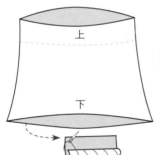

上

下

共用衣服・穿法 1

裁下短襪襪口，將下緣
布邊內摺後捲邊縫。

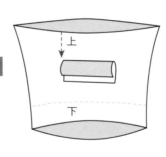

上

下

共用衣服・穿法 2

使裁切毛邊朝上，套在動物
身體上後，再下捲成高領。

虎、狗、貓尾

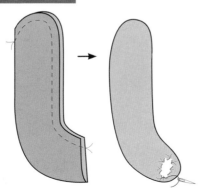

❶ 裁下後如圖所
示縫製。

❷ 翻正後充棉縮縫。

共用後足

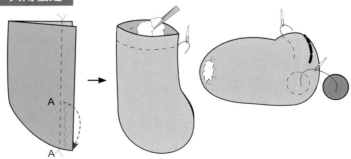

A

A

❶ 如圖所示縫製，並在 A 與 A
點間縮縫使其變短。

❷ 翻回正面充棉＆調整形狀後縮
縫，前端有腳掌狀處再加上不
織布貼布繡。

此作品是以船型襪完成，並儘量以花紋來配合動物造型。
此組動物的身體 & 衣服 & 其他小組件是共用紙型，
但製作上有小差異也有共同的作法，請特別注意。
只要完成一個後，第二個就能熟練上手囉！

共用身體

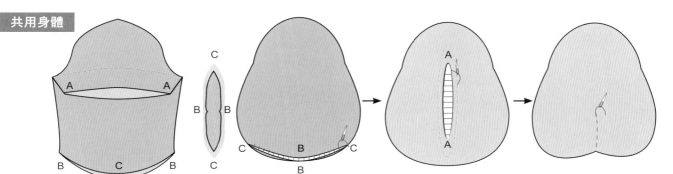

❷ 翻回正面充棉至飽滿狀，此時兩 A 點為直向
（此為背面）。

❶ 依紙型裁下後，先將 B 點對 B 點，把橫向改成直向，
再縫製如上圖 CBC 的線段。

兔子頭

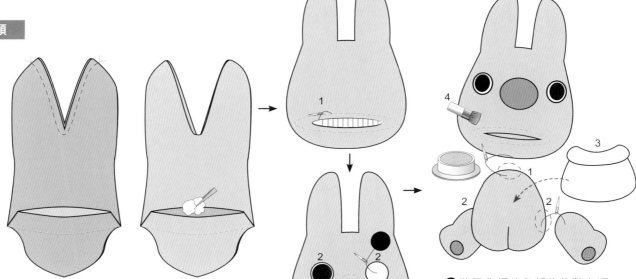

❶ 依紙型裁下 & 如圖所示縫製，再翻回正面充棉。

❷ 先將雙耳充棉再將頭填充飽
滿，並將襪口暗針縫縫合，
再依數字順序縫上眼 & 鼻。

❸ 將已作好的各部位依數字順
序縫合 & 穿上衣服。
（其他的動物的頭製作方法
略同，只要依紙型裁下，參
考兔子的作法即可。）

------------------------------------- 襪子主體內緣線

——————————————— 襪子主體外緣線

━━━━━━━━━━━━━━━ 裁切取下型體

— — — — — — — 中心對齊線

- - - - - - - - - - - 車縫線

〜〜〜〜〜 縮縫記號

⊓⊔⊓⊔⊓⊔ 藏針縫（暗針縫）
或繞邊縫

◠ 對摺不裁開處

⊥ 一定要對齊處

☁ 充棉口

◗ 接連對合紙型

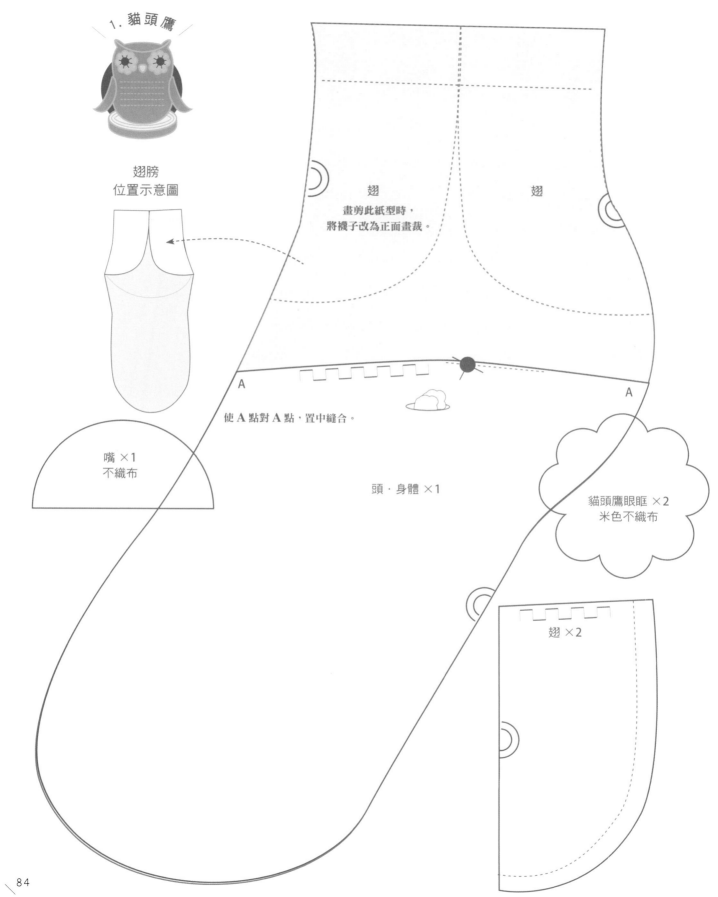

1. 貓頭鷹

翅膀
位置示意圖

翅

翅

畫剪此紙型時,
將襪子改為正面畫裁。

A

A

使 A 點對 A 點,置中縫合。

嘴 ×1
不織布

頭・身體 ×1

貓頭鷹眼眶 ×2
米色不織布

翅 ×2

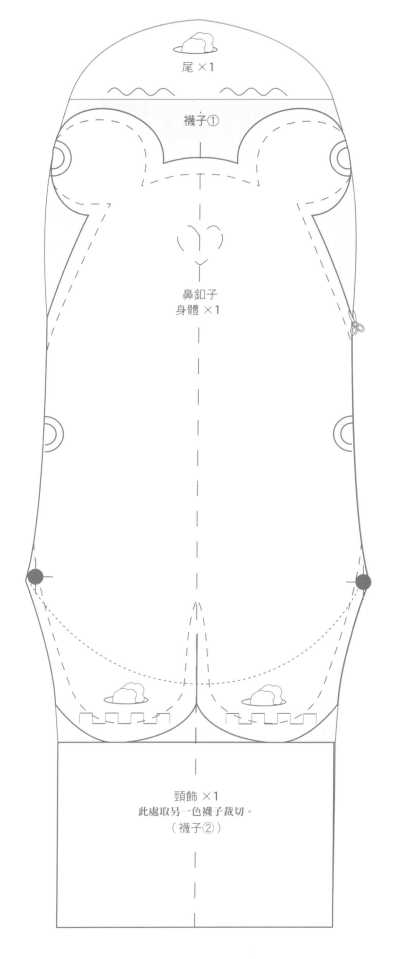

尾 ×1

襪子①

鼻釦子
身體 ×1

頸飾 ×1
此處取另一色襪子裁切。
（襪子②）

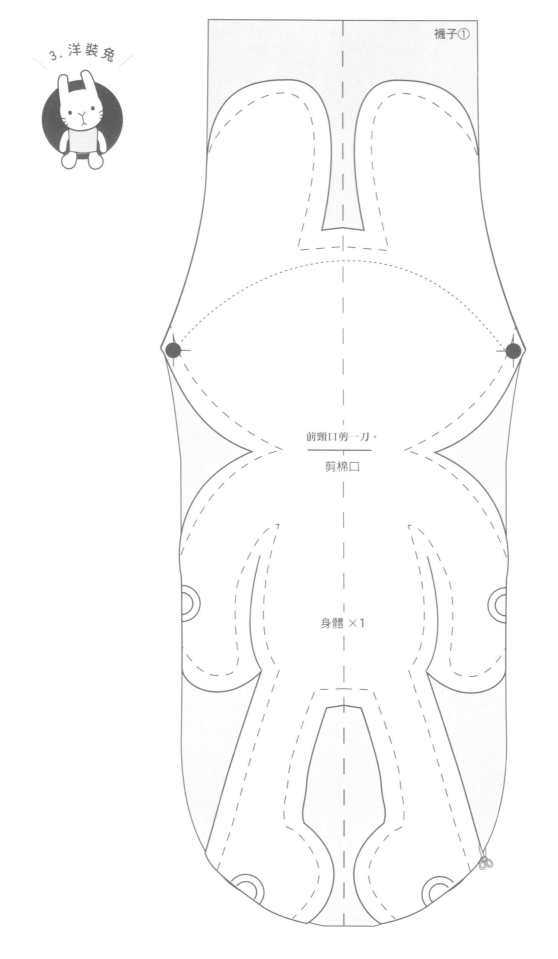

3.洋裝兔

襪子①

前頸口剪一刀。

剪棉口

身體×1

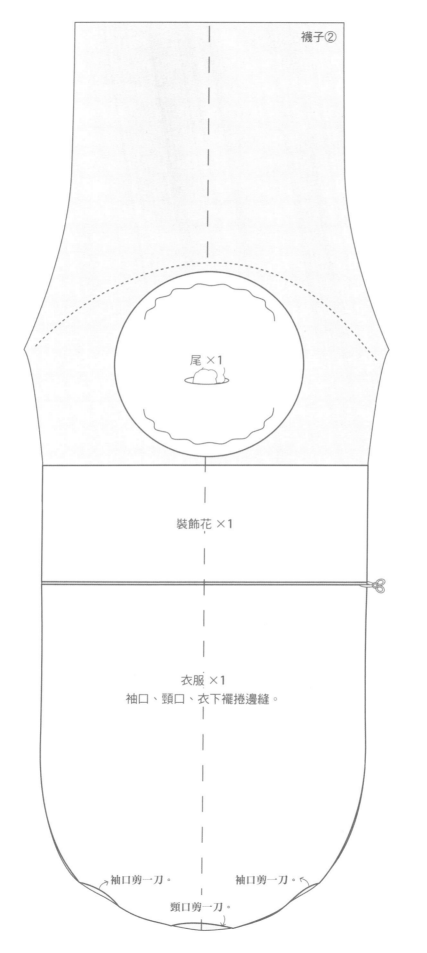

尾 ×1

裝飾花 ×1

衣服 ×1
袖口、頸口、衣下襬捲邊縫。

袖口剪一刀。　　　　　袖口剪一刀。

頸口剪一刀。

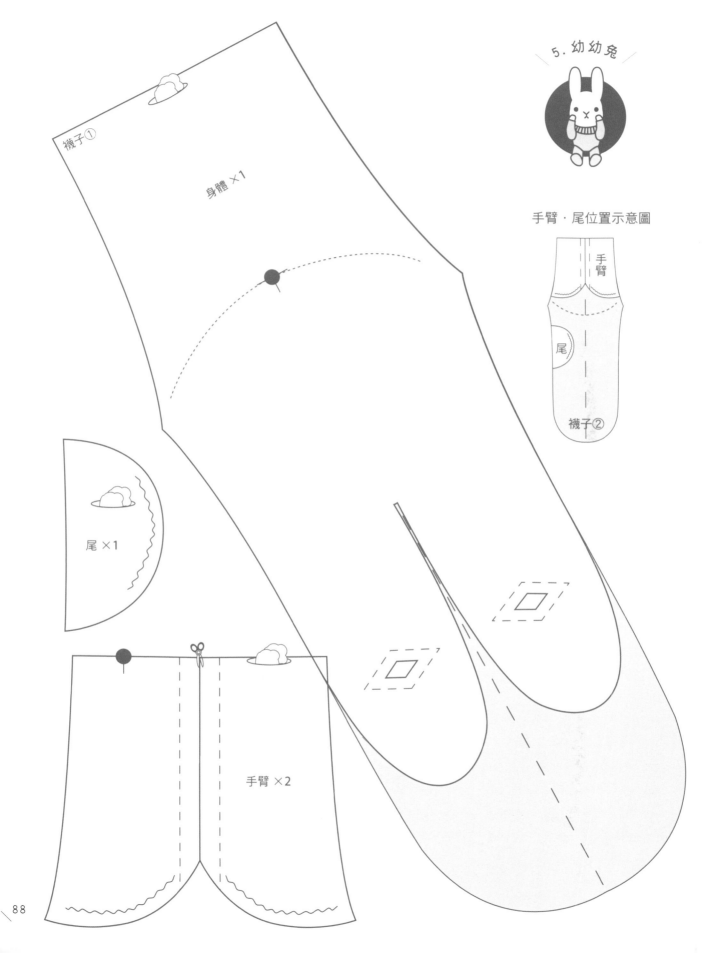

襪子①

身體 ×1

尾 ×1

手臂 ×2

5.幼幼兔

手臂‧尾位置示意圖

手臂

尾

襪子②

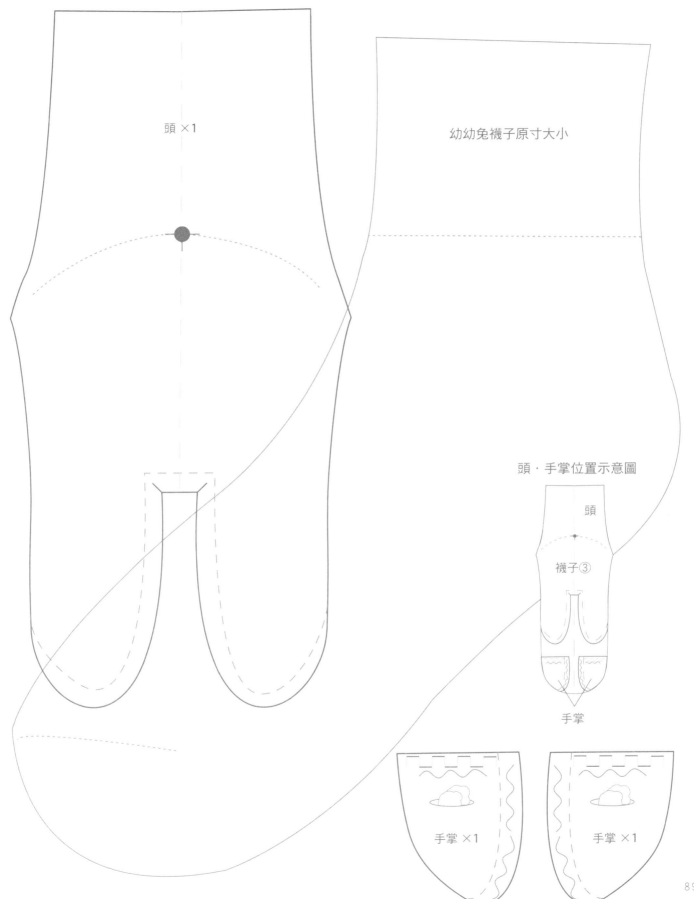

頭 ×1

幼幼兔襪子原寸大小

頭・手掌位置示意圖

頭

襪子③

手掌

手掌 ×1

手掌 ×1

長嘴鴨
頭・身體・翅・足×1

長嘴鴨襪子①

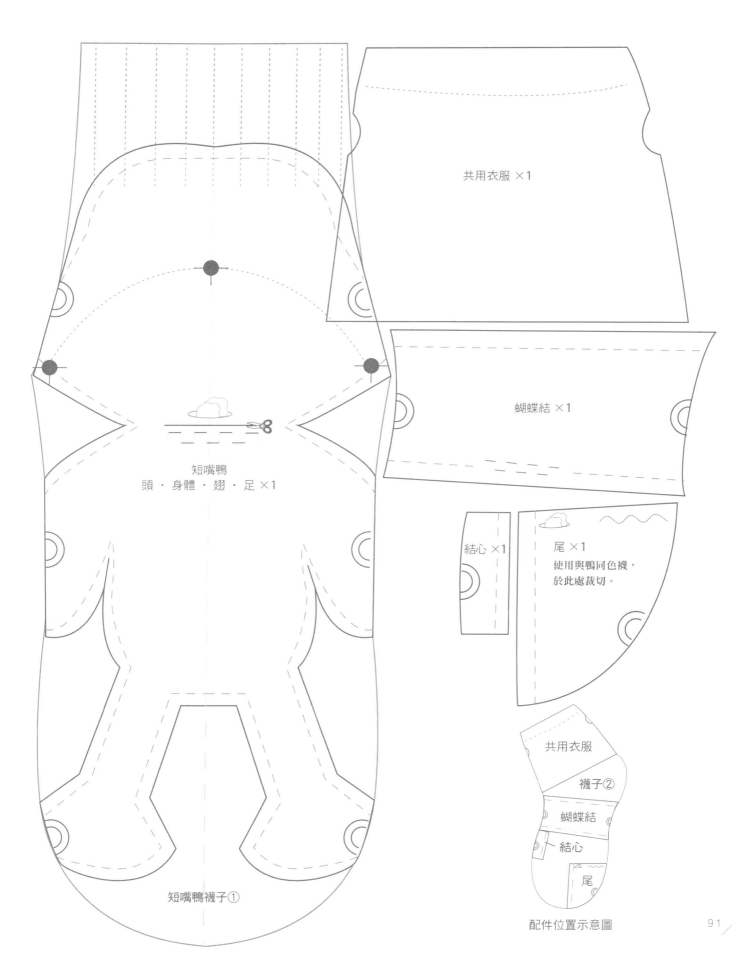

共用衣服 ×1

蝴蝶結 ×1

短嘴鴨
頭・身體・翅・足 ×1

結心 ×1

尾 ×1
使用與鴨同色襪，
於此處裁切。

短嘴鴨襪子①

共用衣服

襪子②

蝴蝶結

結心

尾

配件位置示意圖

7. 情侶龜

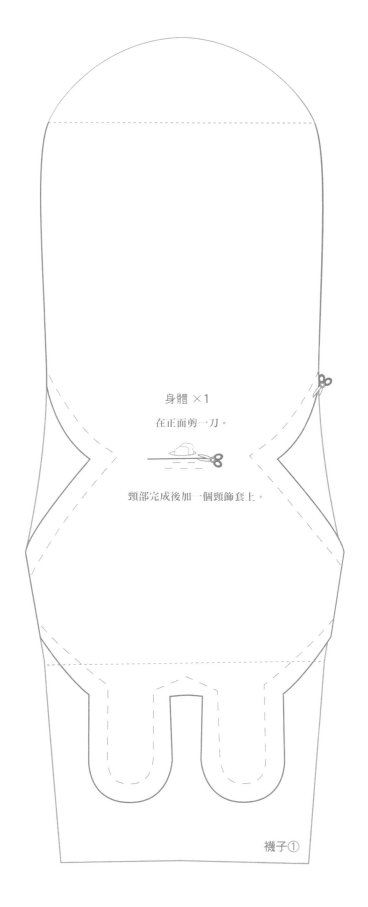

身體 ×1

在正面剪一刀。

頸部完成後加一個頸飾套上。

襪子①

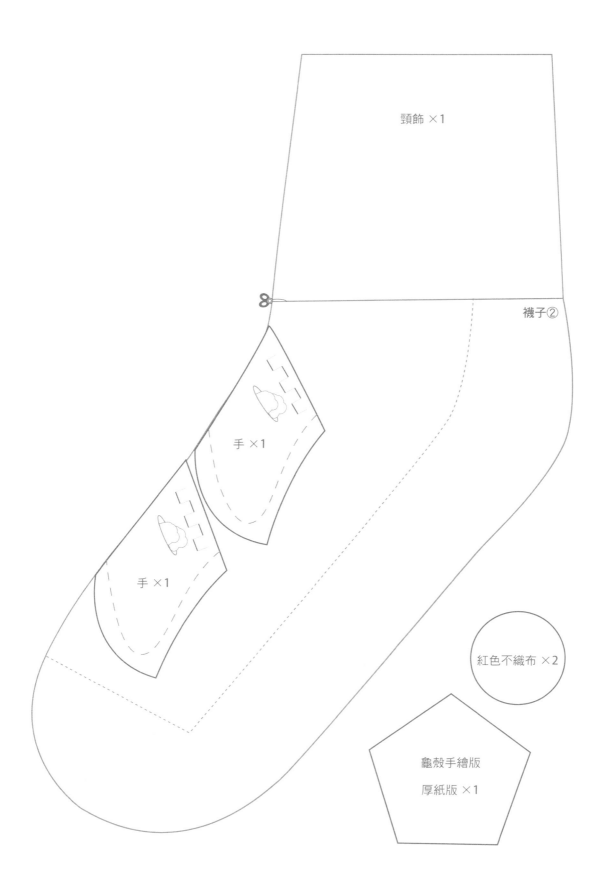

頸飾 ×1

襪子②

手 ×1

手 ×1

紅色不織布 ×2

龜殼手繪版
厚紙版 ×1

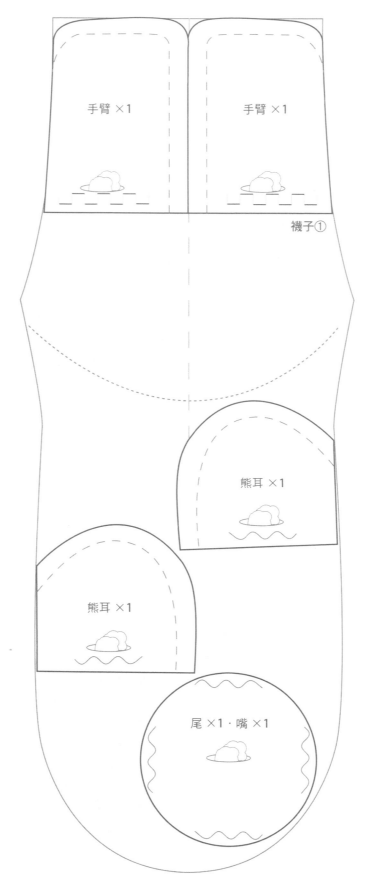

手臂 ×1

手臂 ×1

襪子①

熊耳 ×1

熊耳 ×1

尾 ×1・嘴 ×1

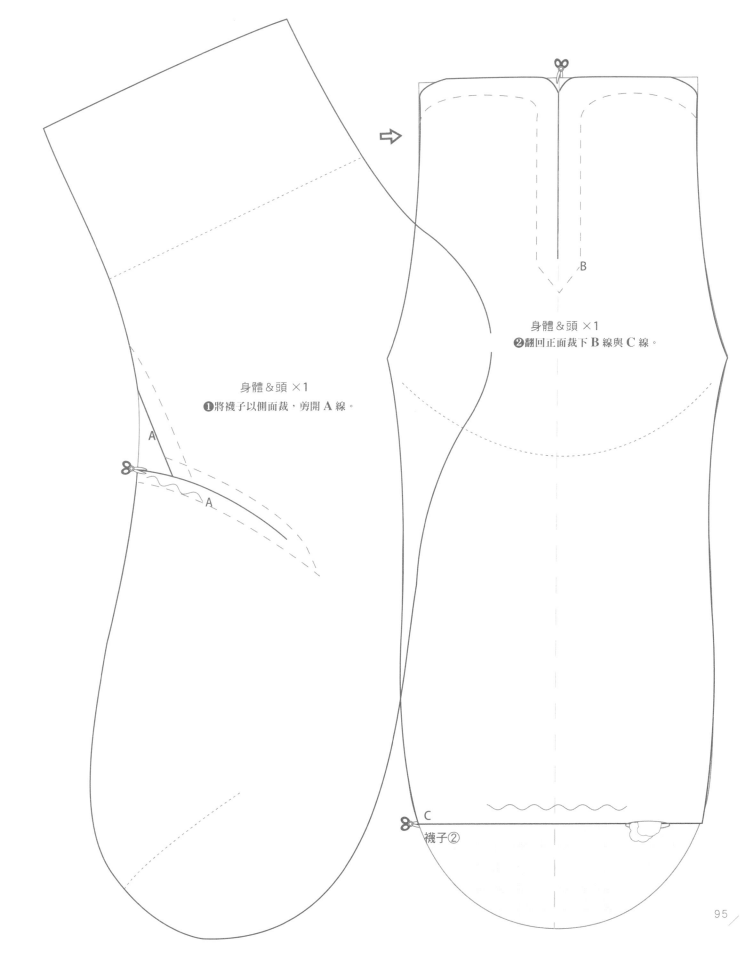

身體＆頭 ×1
❶將襪子以側面裁，剪開 A 線。

A

A

身體＆頭 ×1
❷翻回正面裁下 B 線與 C 線。

B

C

襪子②

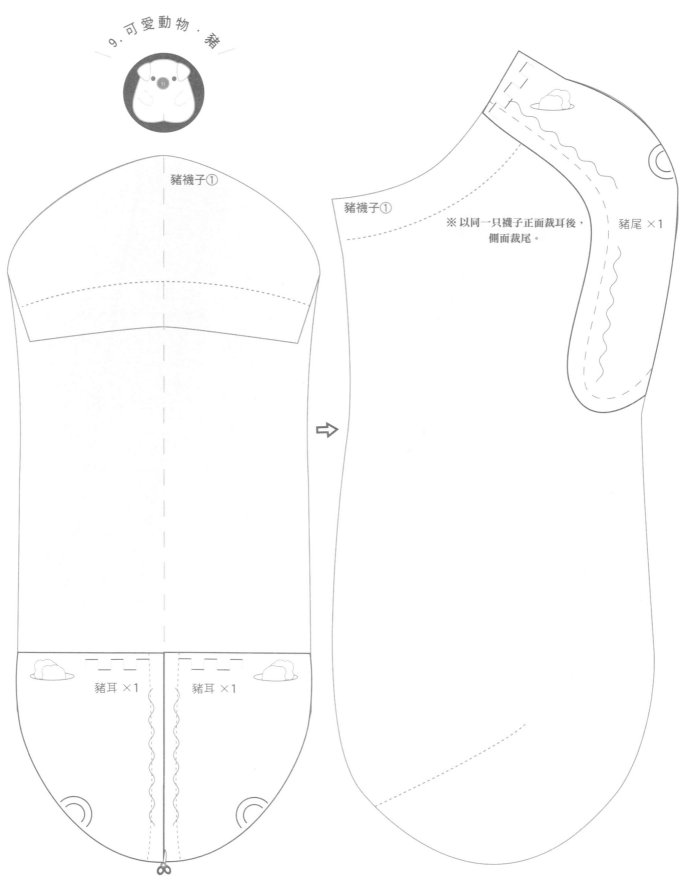

9.可愛動物．豬

豬襪子①

豬襪子①

※ 以同一只襪子正面裁耳後，
　側面裁尾。

豬尾 ×1

豬耳 ×1　　豬耳 ×1

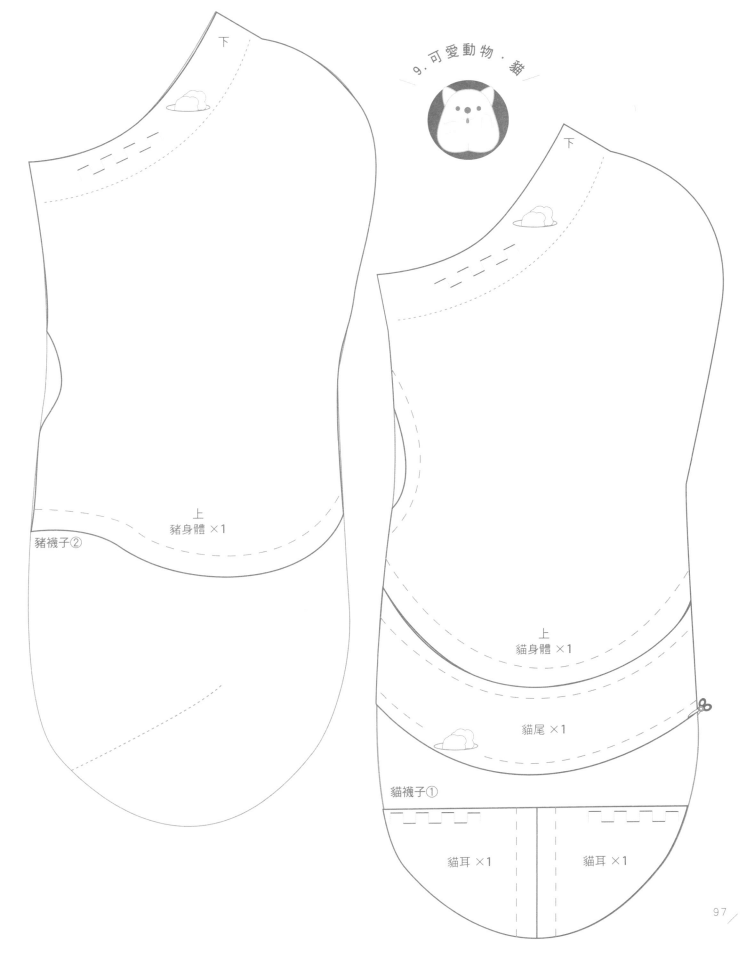

9.可愛動物・貓

下

上
豬身體×1

豬襪子②

下

上
貓身體×1

貓尾×1

貓襪子①

貓耳×1   貓耳×1

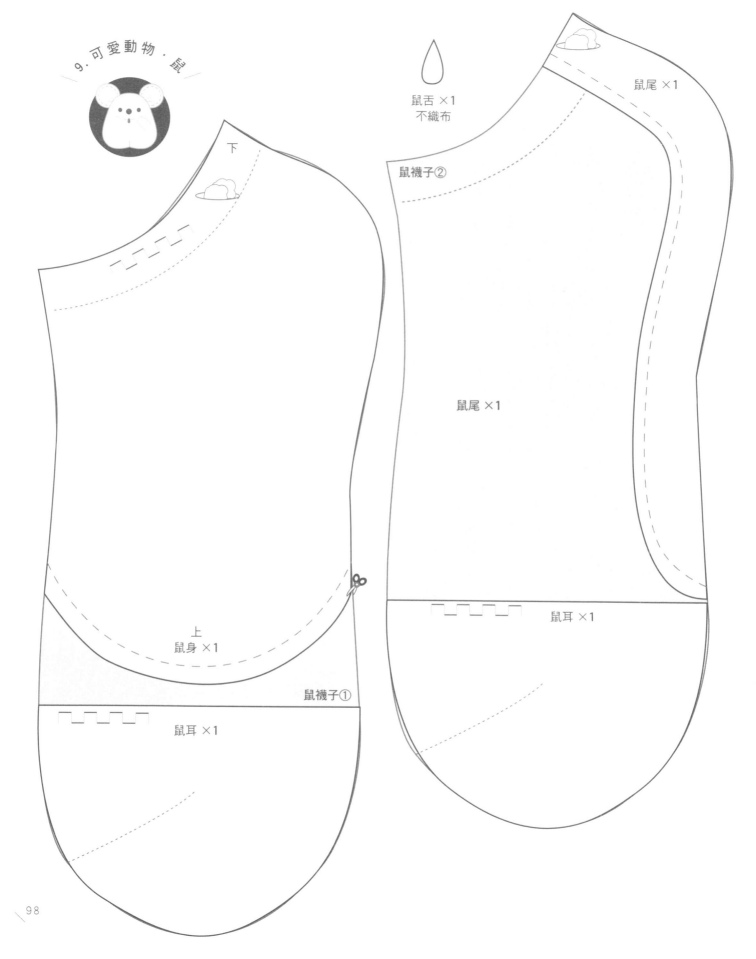

9. 可愛動物・鼠

下

鼠舌 ×1
不織布

鼠襪子②

鼠尾 ×1

鼠尾 ×1

上
鼠身 ×1

鼠襪子①

鼠耳 ×1

鼠耳 ×1

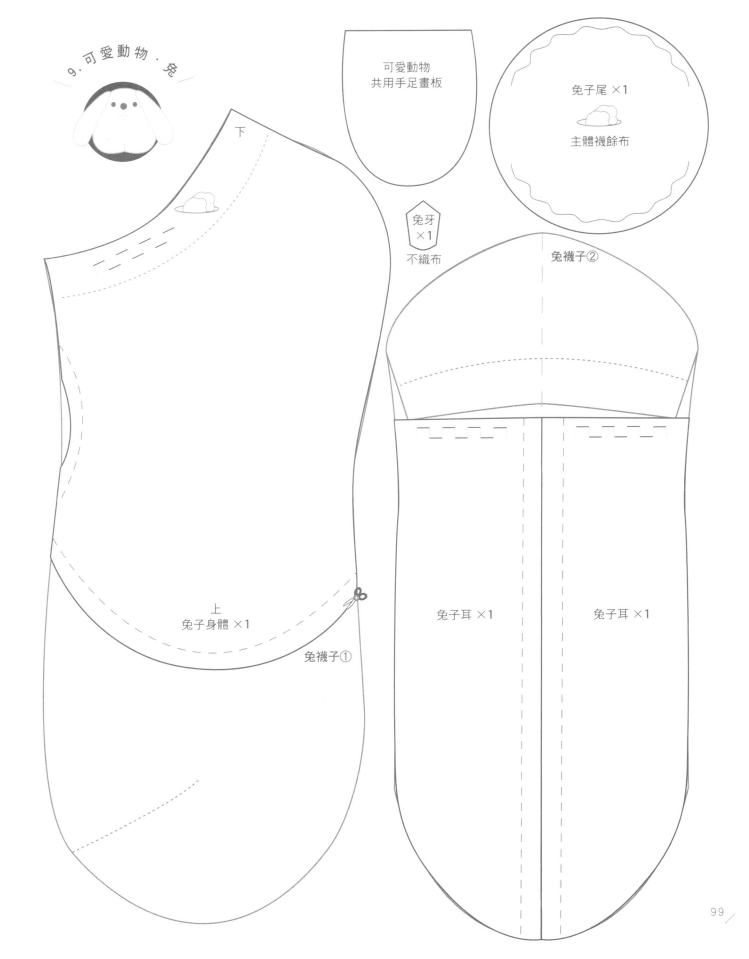

9.可愛動物．兔

下

上
兔子身體 ×1

兔襪子①

可愛動物
共用手足畫板

兔牙
×1
不織布

兔子尾 ×1

主體襪餘布

兔襪子②

兔子耳 ×1

兔子耳 ×1

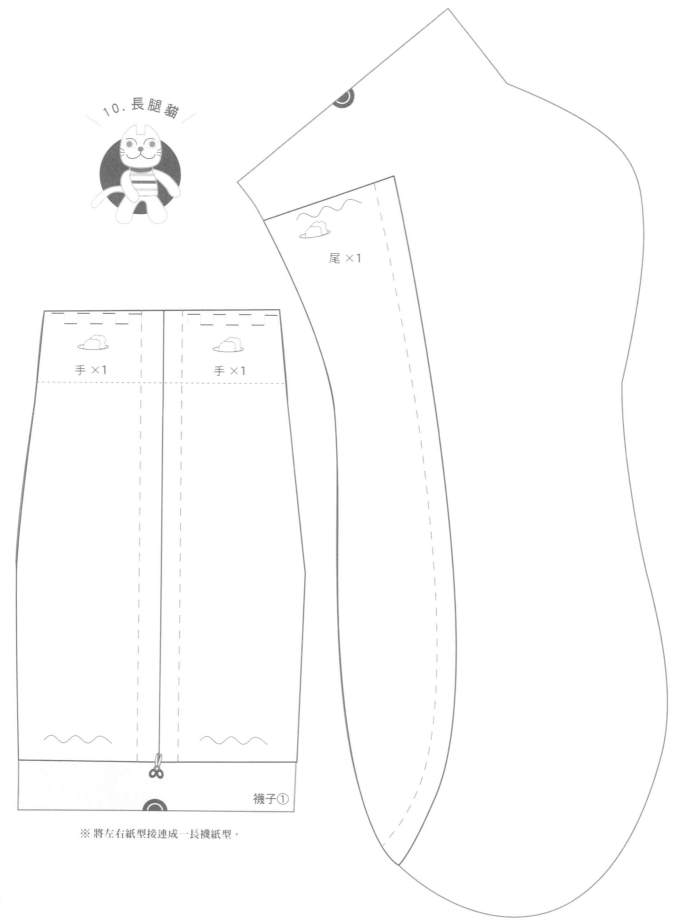

10. 長腿貓

尾×1

手×1   手×1

襪子①

※ 將左右紙型接連成一長襪紙型。

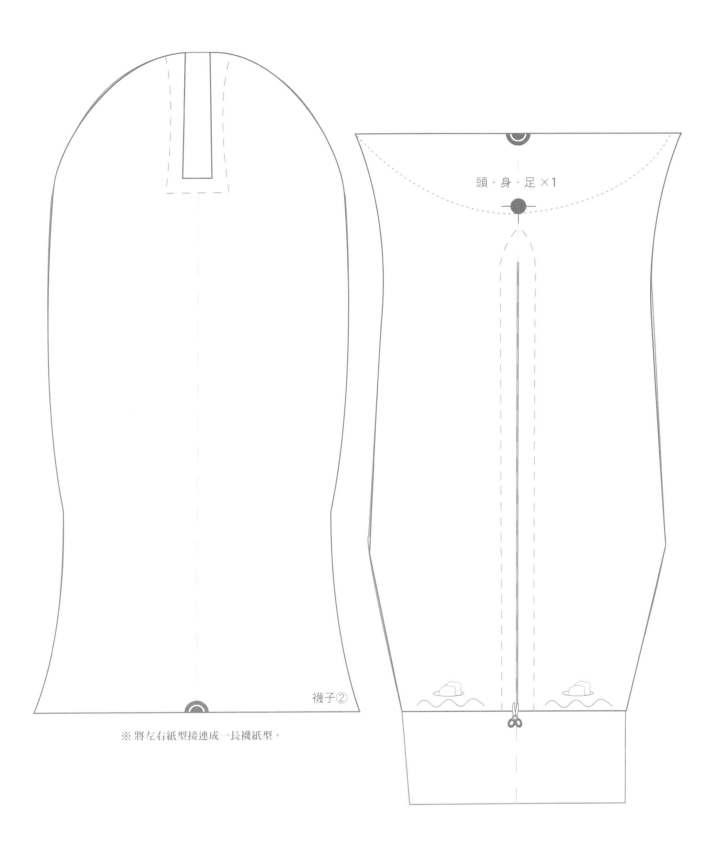

頭・身・足×1

襪子②

※將左右紙型接連成一長襪紙型。

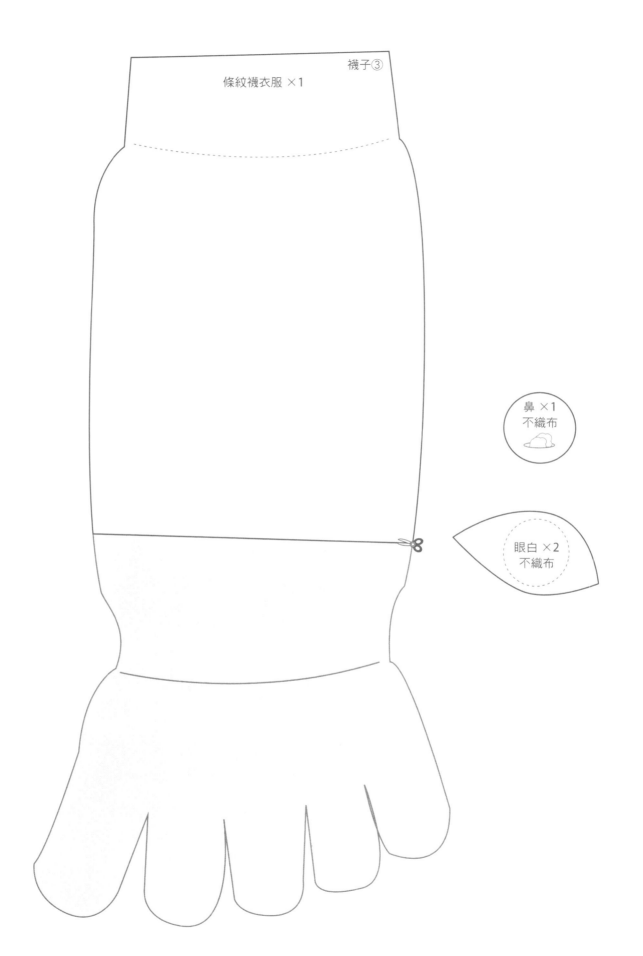

條紋襪衣服 ×1

襪子③

鼻 ×1
不織布

眼白 ×2
不織布

表情

斜線縫
貼布繡

在貼布繡內
充入
少許棉花。

直線縫 **2** 次

斜線縫

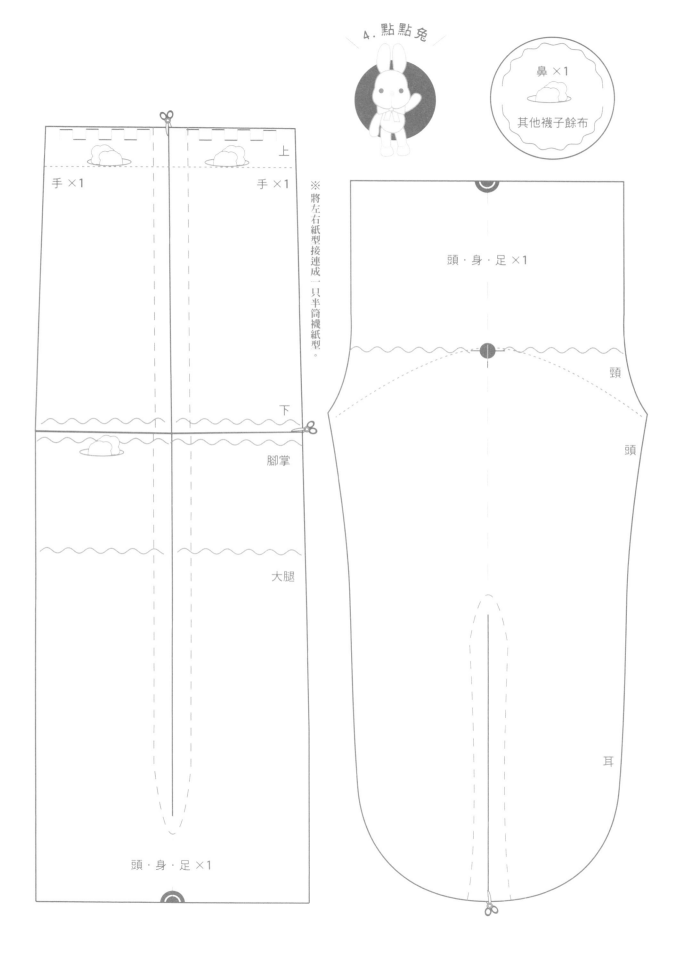

4.點點兔

鼻×1
其他襪子餘布

手×1　　　　　　手×1　　上

下

脚掌

大腿

頭・身・足×1

※將左右紙型接連成一只半筒襪紙型。

頭・身・足×1

頸

頭

耳

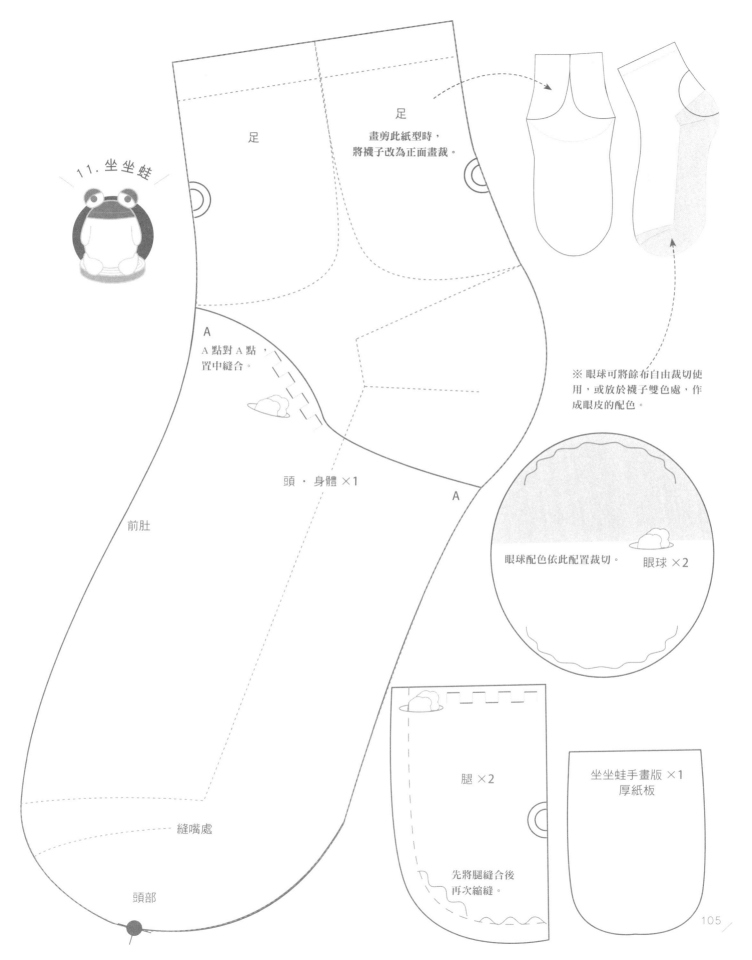

11. 坐坐蛙

足

足
畫剪此紙型時,
將襪子改為正面畫裁。

A
A 點對 A 點,
置中縫合。

頭 · 身體 ×1

前肚

A

※ 眼球可將餘布自由裁切使
用,或放於襪子雙色處,作
成眼皮的配色。

眼球配色依此配置裁切。　眼球 ×2

縫嘴處

腿 ×2

坐坐蛙手畫版 ×1
厚紙板

先將腿縫合後
再次縮縫。

頭部

12. 條紋松鼠

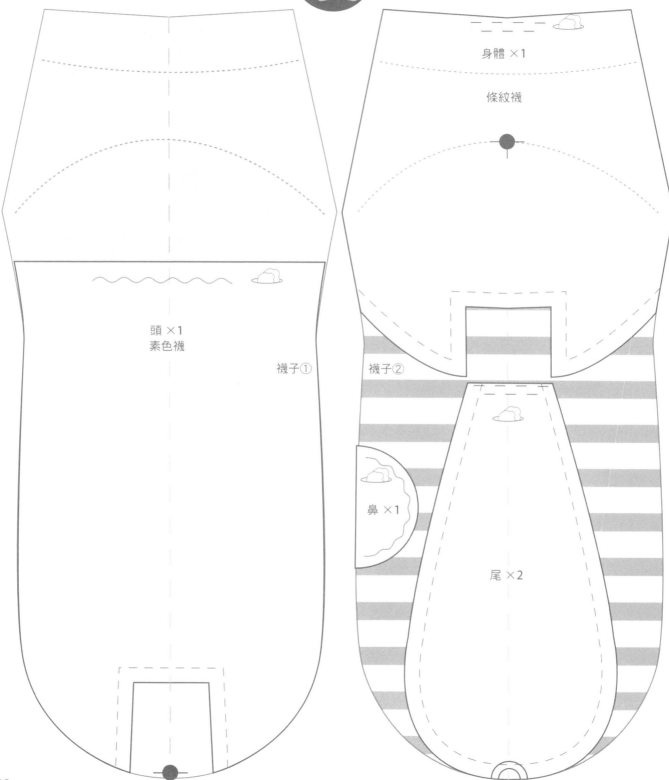

身體 ×1

條紋襪

頭 ×1
素色襪

襪子① 襪子②

鼻 ×1

尾 ×2

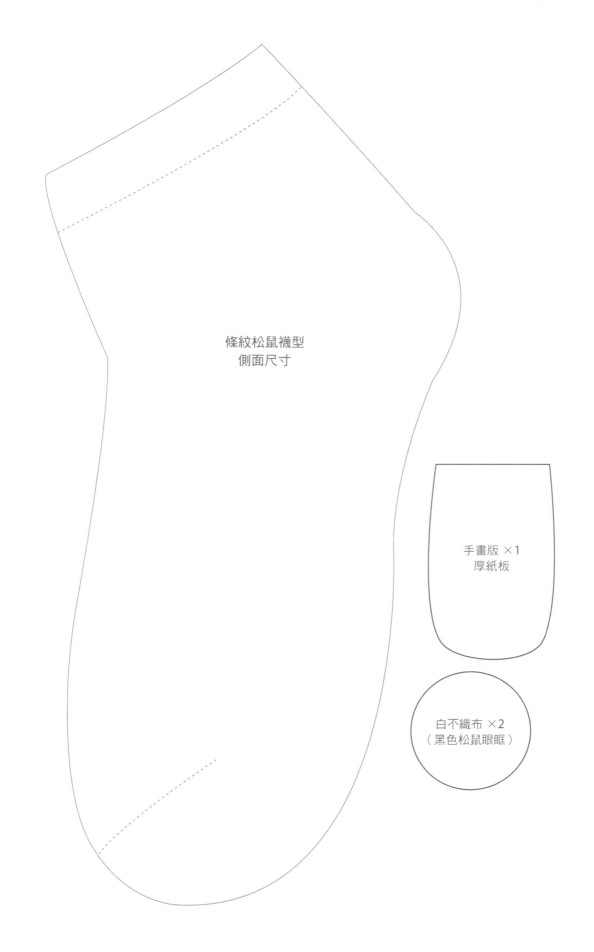

條紋松鼠襪型
側面尺寸

手畫版 ×1
厚紙板

白不織布 ×2
（黑色松鼠眼眶）

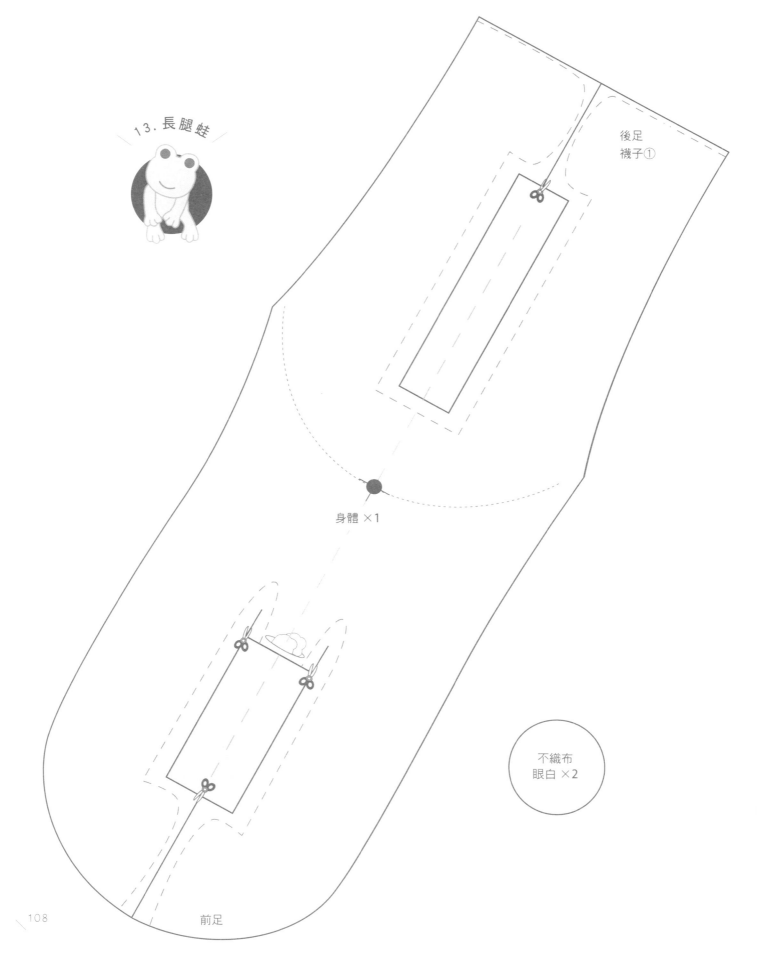

13. 長腿蛙

後足
襪子①

身體×1

不織布
眼白×2

前足

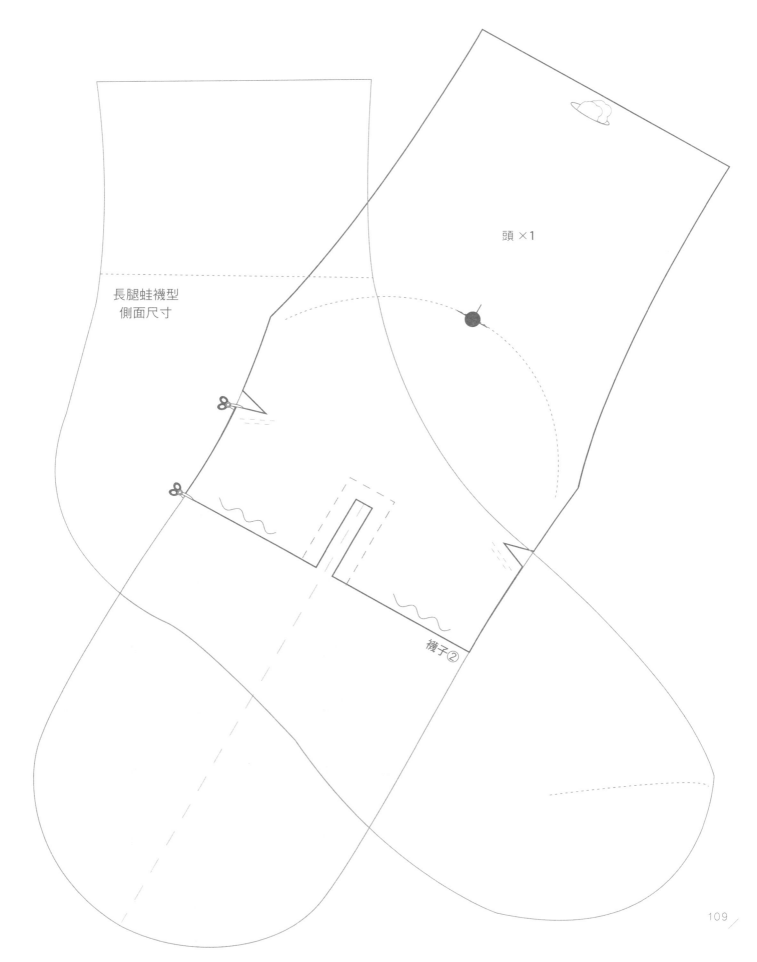

長腿蛙襪型
側面尺寸

頭 ×1

襪子②

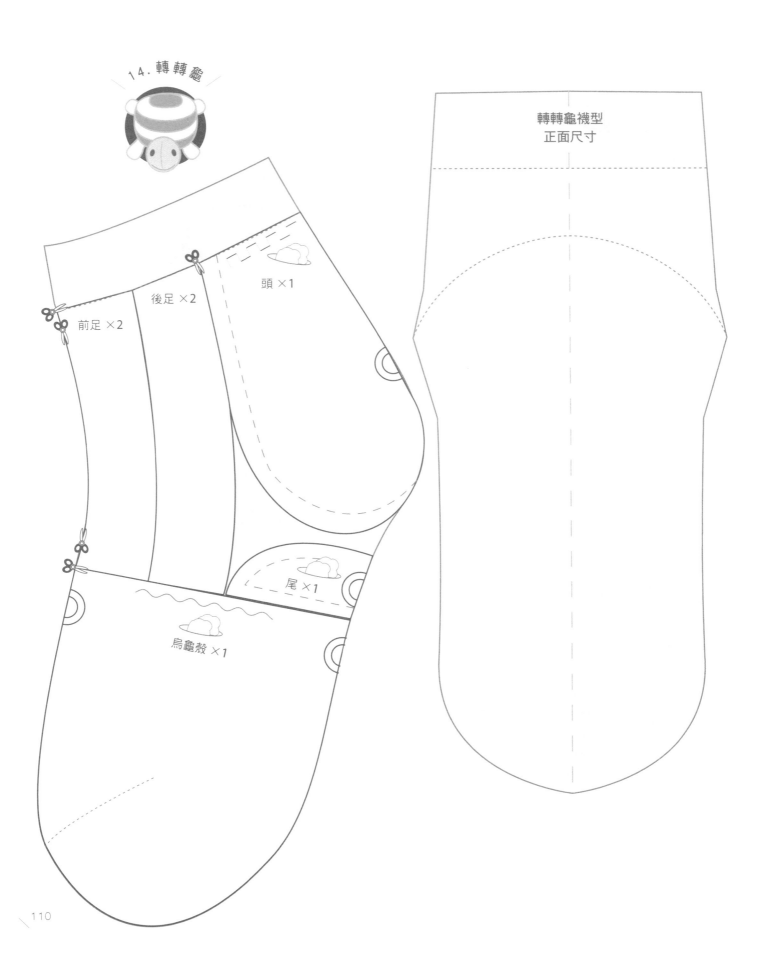

14. 轉轉龜

頭 ×1

後足 ×2

前足 ×2

尾 ×1

烏龜殼 ×1

轉轉龜襪型
正面尺寸

16. 趴趴貓

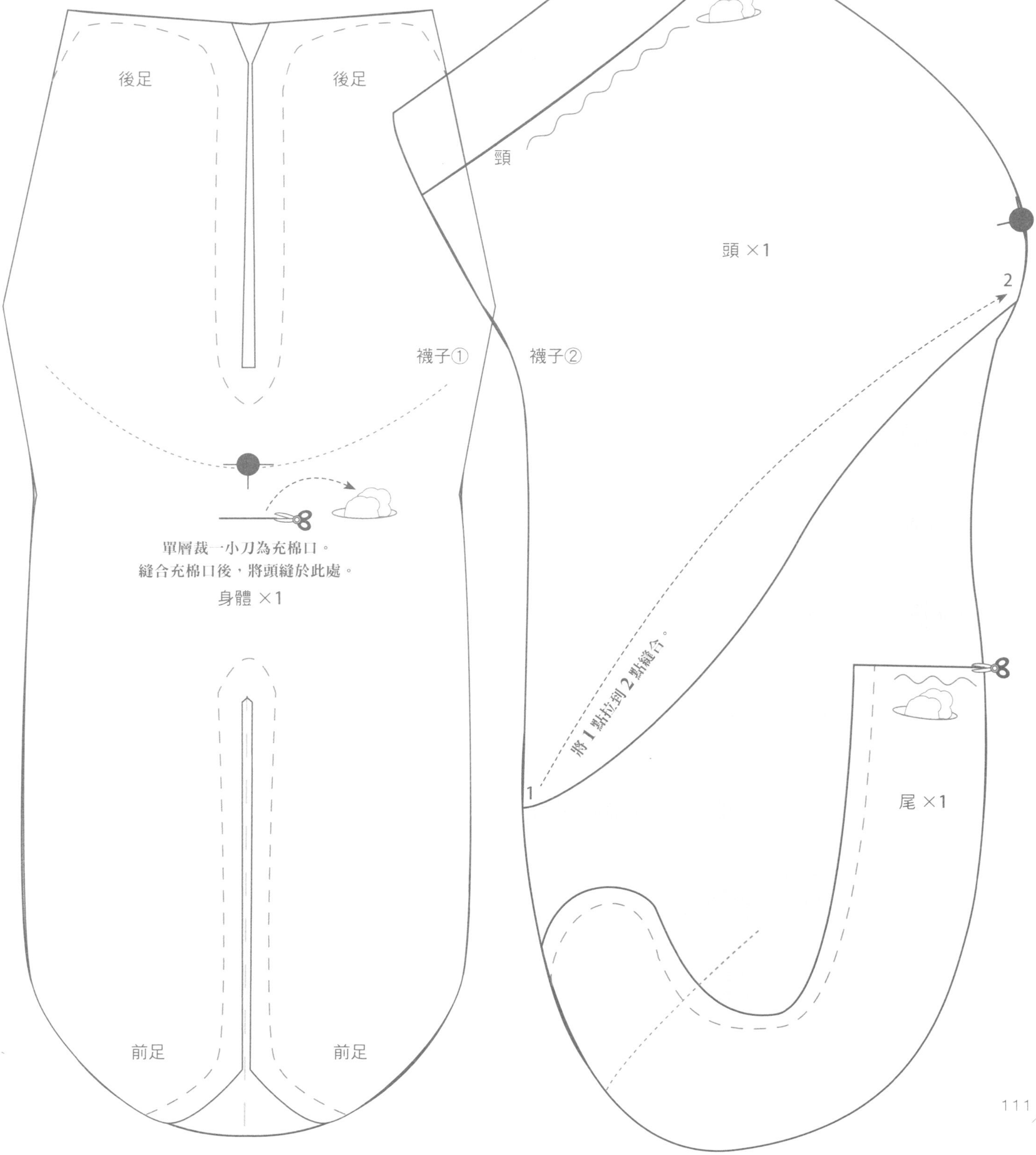

後足　　後足

襪子①　　襪子②

頭

頭 ×1

2

單層裁一小刀為充棉口。
縫合充棉口後，將頭縫於此處。

身體 ×1

將 1 點拉到 2 點縫合。

1

尾 ×1

前足　　前足

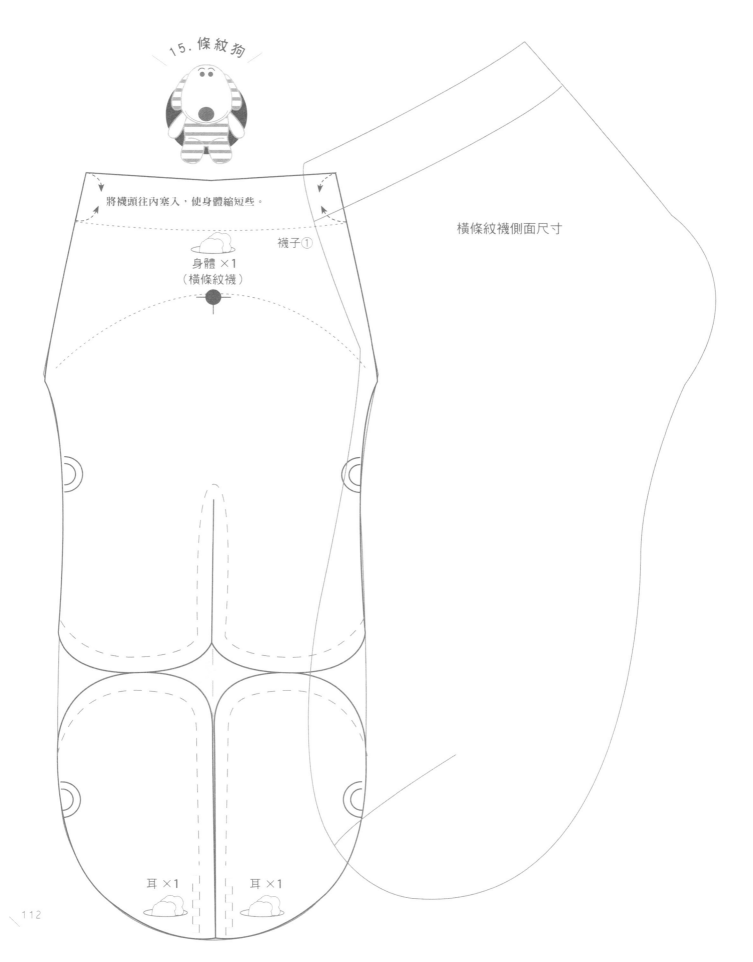

15. 條紋狗

將襪頭往內塞入，使身體縮短些。

襪子①

身體 ×1
（橫條紋襪）

橫條紋襪側面尺寸

耳 ×1　　耳 ×1

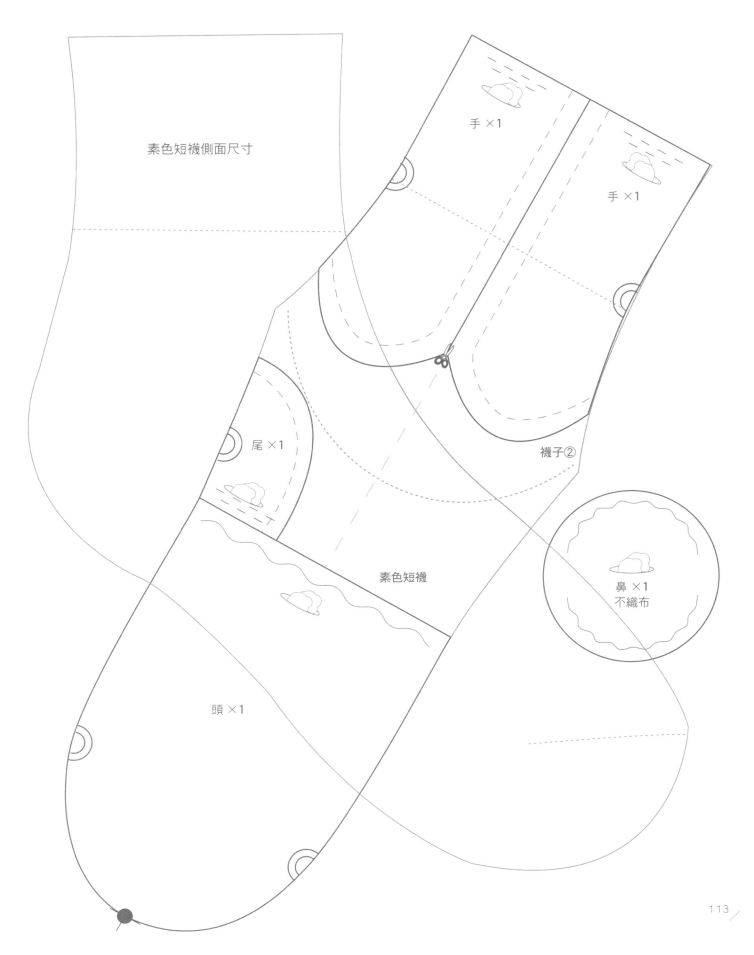

素色短襪側面尺寸

手×1

手×1

尾×1

襪子②

鼻×1
不織布

素色短襪

頭×1

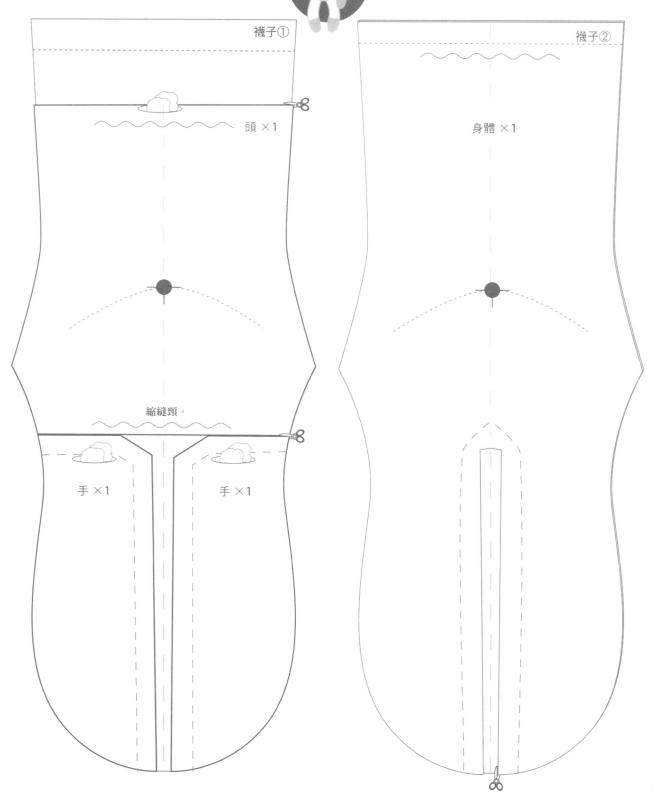

17. 長腿猴

襪子①

頭 ×1

縮縫頸。

手 ×1 　　手 ×1

襪子②

身體 ×1

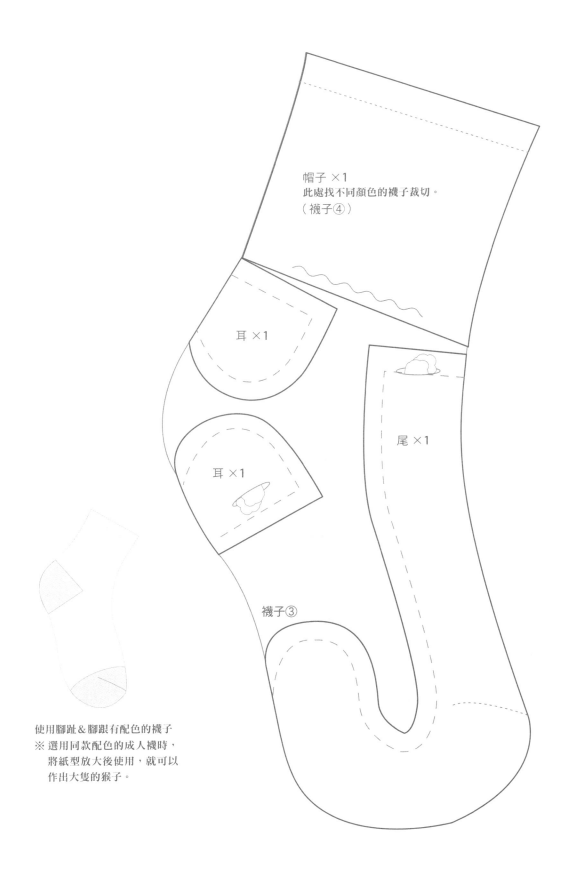

帽子 ×1
此處找不同顏色的襪子裁切。
（襪子④）

耳 ×1

耳 ×1

尾 ×1

襪子③

使用腳趾＆腳跟有配色的襪子
※ 選用同款配色的成人襪時，
　將紙型放大後使用，就可以
　作出大隻的猴子。

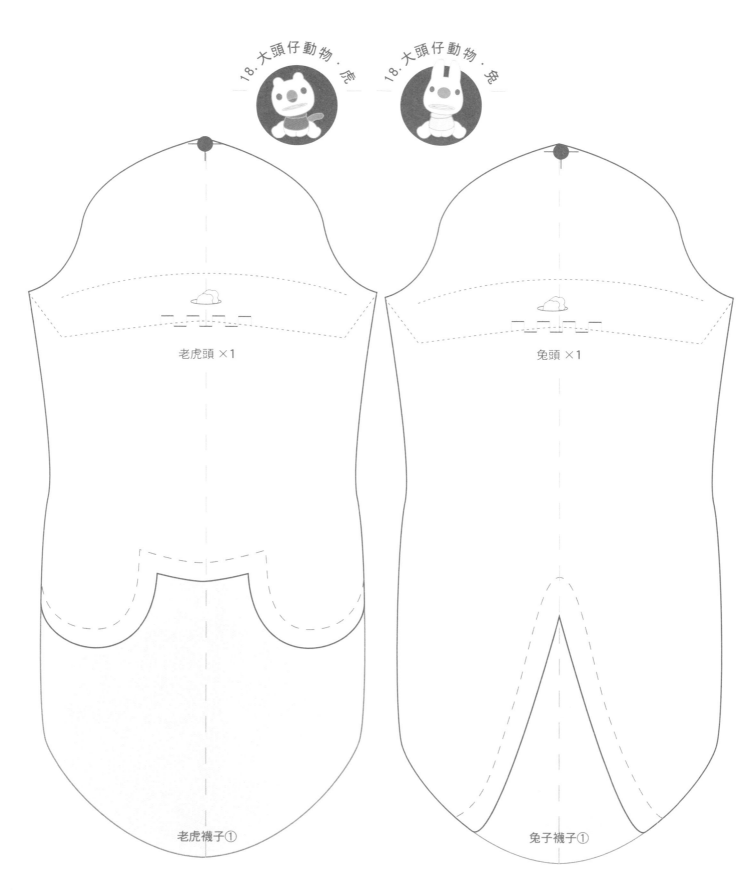

18.大頭仔動物・虎

老虎頭 ×1

老虎襪子①

18.大頭仔動物・兔

兔頭 ×1

兔子襪子①

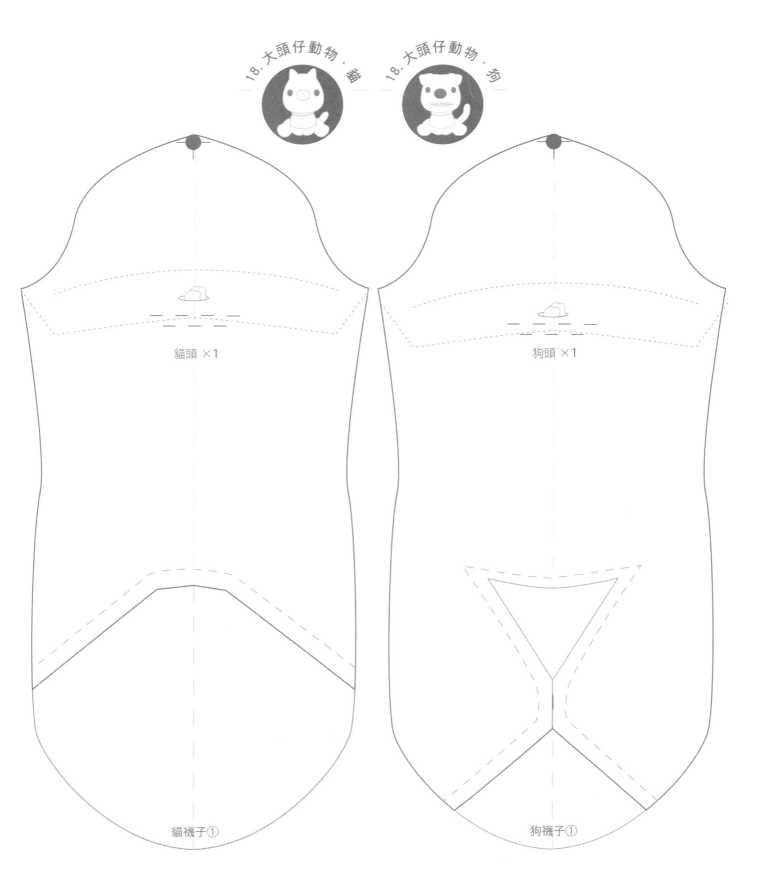

18.大頭仔動物‧貓

18.大頭仔動物‧狗

貓頭 ×1

狗頭 ×1

貓襪子①

狗襪子①

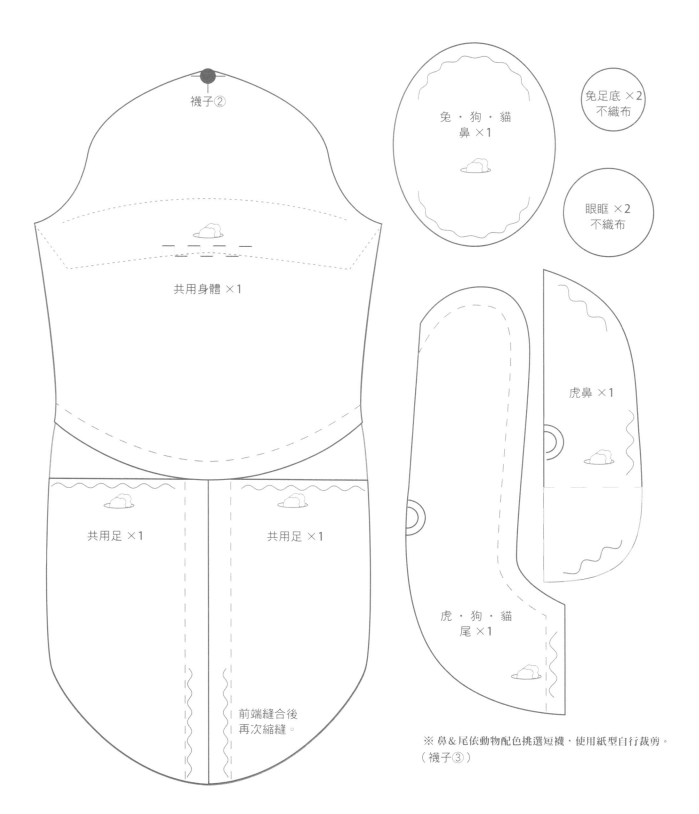

襪子②

兔・狗・貓
鼻×1

兔足底×2
不織布

眼眶×2
不織布

共用身體×1

虎鼻×1

共用足×1

共用足×1

虎・狗・貓
尾×1

前端縫合後
再次縮縫。

※ 鼻&尾依動物配色挑選短襪，使用紙型自行裁剪。
（襪子③）

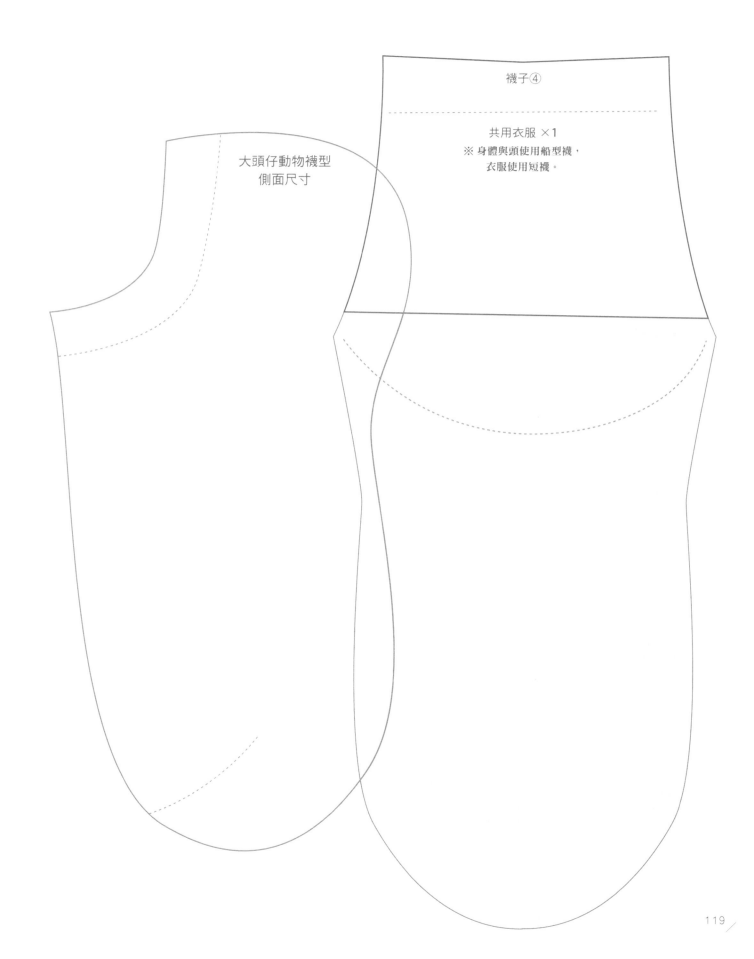

襪子④

共用衣服 ×1
※ 身體與頭使用船型襪，
　 衣服使用短襪。

大頭仔動物襪型
側面尺寸

國家圖書館出版品預行編目 (CIP) 資料

溫柔療癒輕手作：好想抱一下的軟 QQ 襪子娃娃/陳春金 ・KIM 著；
-- 初版 .-- 新北市：新手作出版：悅智文化發行 , 2017.01
　　面；　公分 .--（趣 . 手藝 ; 70）
ISBN 978-986-93962-3-3(平裝)

1. 裝飾品 2. 手工藝

426.78　　　　　　　　　　　　　　　　105023938

趣・手藝 70

溫柔療癒輕手作
好想抱一下的軟QQ襪子娃娃

作　　　　者／陳春金・KIM
發　行　　人／詹慶和
總　編　　輯／蔡麗玲
執 行 編 輯／陳姿伶
編　　　　輯／蔡毓玲・劉蕙寧・黃璟安・李佳穎・李宛真
執 行 美 編／韓欣恬
美 術 編 輯／陳麗娜・周盈汝
紙型・步驟繪製／陳春金・KIM
攝　　　　影／數位美學 賴光煜
出　版　　者／Elegant-Boutique新手作
發　行　　者／悅智文化事業有限公司
郵政劃撥帳號／19452608
戶　　　　名／悅智文化事業有限公司
地　　　　址／220新北市板橋區板新路206號3樓
電　　　　話／(02)8952-4078
傳　　　　真／(02)8952-4084
網　　　　址／www.elegantbooks.com.tw
電 子 信 箱／elegant.books@msa.hinet.net

2017年01月初版一刷　定價350元

經銷／高見文化行銷股份有限公司
地址／新北市樹林區佳園路二段70-1號
電話／0800-055-365　　傳真／(02)2668-6220

書中作品材料請至一般手藝行、迪化街布市、文具行、微學館、大創等自由選購。
或可選購以下材料包，以便立即看書學習＆動手作。
本書作品大部份使用：
台灣高級不織布（100% polyester fiber high quality）
及較硬的不織布（100% polyester fiber）

編號	圖片	產品名稱	價格
T8-A		台灣高級不織布 6 色裝 / 包 30cm×30cm 純白、米白、膚色、黃、金黃、橘 （100% polyester fiber high quality）	150 元
T8-B		台灣高級不織布 6 色裝 / 包 30cm×30cm 卡其、紅棕、深棕、深藍、灰、黑 （100% polyester fiber high quality）	150 元
T8-C		台灣高級不織布 6 色裝 / 包 30cm×30cm 淺綠藍、中綠藍、草綠、綠、灰藍、中藍 （100% polyester fiber high quality）	150 元
T8-D		台灣高級不織布 6 色裝 / 包 30cm×30cm 淺粉、粉、桃紅、紅、淺紫、深藍 （100% polyester fiber high quality）	150 元
T3		硬質不織布 6 色 / 包 30cm×30cm 淺黃、蘋果綠、黃棕、淺棕、蜂蜜色、深咖啡 （100% polyester fiber）	90 元
T2		台灣高級不織布 20 片混裝 / 包 15cm×15cm 不挑色	150 元

如何購買

一‧先 E-mail 或 TEL 告知：E-mail achinjay@yahoo.com.tw，TEL 0920342277
　　所需材料：編號、數量、價格。（例：編號 T8-A，數量 2，總價 150×2）
　　請於 mail 詳寫：郵遞區號、地址、姓名、聯絡電話、收件是白天或晚上。
　　於寄出時會以電話或 MAIL 通知您。
二‧再到 ATM 轉帳或銀行匯款。
　　700 元以上免運費，讀者特享訂購滿 1500 元以上享 9 折及免運費。
　　未滿 700 元 請另付郵資 70 元。
三‧收到款項後與購買者確認ＯＫ後，需約 1 天工作天出貨。
　　銀行帳號：上海商業銀行（松山分行）011 帳號 28203 0000 67378
　　戶名：陳春金

NEWS
陳春金老師
於藍晒圖文創園區
（台南市西門路一段 689 巷 47 號）
微型文創第九號工作室——藍月山房
歡迎參觀或洽詢各種教學課程
TEL：0920342277

Welcom! KIM'S 手作樂園

運用不同的素材
一起來玩樂趣滿滿的創作遊戲吧！

輕·布作11

簡單作×開心縫！
手作異想熊裝可愛

定價：320元

趣·手藝12

毛根迷你動物の
26堂基礎課
定價300

趣·手藝56

可愛限定！KIM'S 3D不
織布動物遊樂園（暢銷
精選版）
定價300

Fun手作40

LOOK！襪子娃娃72變
（暢銷新版）
定價320

Fun手作77

初學者也能輕鬆作的手
作布花
定價350

趣·手藝62

不織布Q手作
超萌狗狗總動員
定價350

sock doll